從瞬間到永恆，探索極限、縱橫運算、破解定理，
圖解思考萬物變化的數學語言

# 翻轉微積分的28堂課

# CHANGE
# IS THE ONLY CONSTANT

班‧歐林　BEN ORLIN

畢馨云──譯

The Wisdom of Calculus in a Madcap World

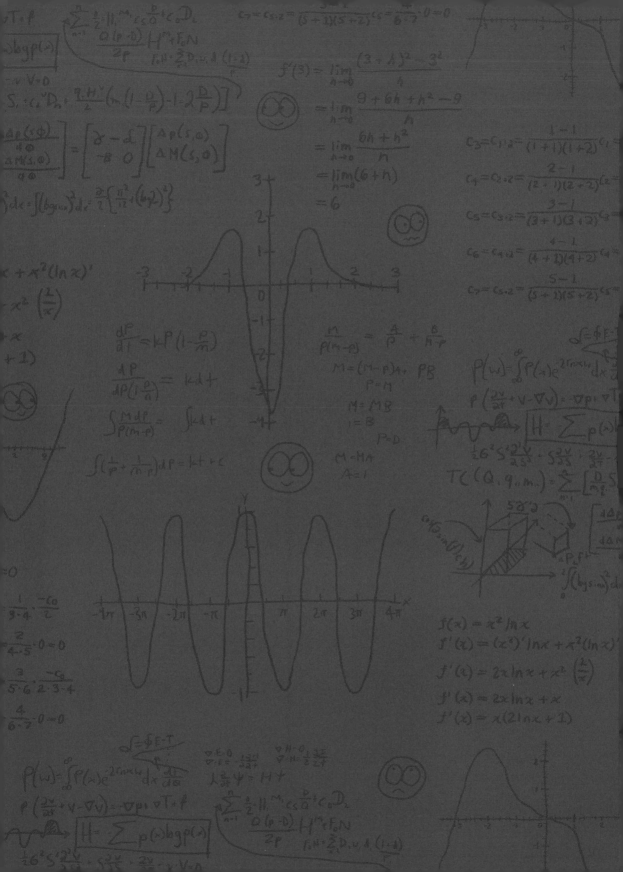

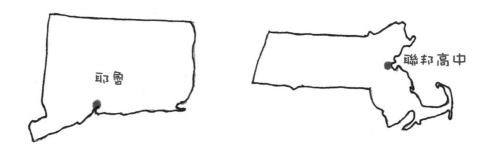

耶魯

聯邦高中

獻給所有我曾稱為家的學校的學生和老師

奧克蘭
委辦高中

愛德華國王學校

接著是一陣沉默。過了一會兒，他說：
「你對上帝的看法是從哪來的？」

我說：「我在尋找上帝，而不是尋找神話、神祕主義抑或神力。我不曉得是否找得到神，但我想要知道。上帝應該會是任何人或事物都無法違抗的一股力量。」

「譬如說，變化？」

「對，變化。」

「可是那並非神，並非一個人或某種智能，甚至不是物品。它只是個……概念。我不知道。」

我莞爾而笑。這是很可怕的批評嗎？

——奧克妲維雅‧巴特勒（Octavia Butler），
《播種者的寓言》（*Parable of the Sower*）

# CONTENTS

# 永 恆

# 序言

　　古希臘哲學家巴門尼德（Parmenides）在不到一百萬天前說：「存在物，是自己就存在且不可摧毀的，是單獨、完整、不可移動、沒有盡頭的。」這是一種大膽的哲學觀點。巴門尼德不容許分割、差異、未來、過去。他是這麼解釋的：「過去未曾存在，以後也不會存在；它就突然存在於當下，是連續的存在。」巴門尼德認為，宇宙有如洛杉磯的交通：永不休止、奇特無比、恆久不變。

　　一百萬天之後，這仍是非常愚蠢的想法。

　　別開玩笑了，巴門尼德。你可以用詩哄我們，用形容詞轟炸我們，但我們可沒那麼好騙。一百萬天以前，沒有佛教徒、基督徒，也沒有穆斯林，因為佛陀、耶穌和穆罕默德根本還沒誕生。一百萬天前，義大利人還沒吃番茄醬，因為「義大利」這個概念還未誕生，而且距離最近的番茄生長在 9600 公里外。一百萬天之前，在地球上走動的人數是 5000 萬或 1 億；如今每年就有這麼多人跑去冠上迪士尼商標的主題樂園遊玩。

巴門尼德呀，在一百萬天以前和今天，事實上只有兩件事是一樣的：一、變化無所不在；二、你的哲學觀點完全錯誤而且無法補救。

這會是我們在這本書裡最後一次聽到巴門尼德的大名（雖然他那位更有見識的門生芝諾〔Zeno of Elea〕到後面會出現）。我要說，總算擺脫了穿著寬袍子的毒蟲。現在我們要往前躍進，跳過跟他同時代的智者赫拉克利特（Heraclitus，他有句名言是「人不可能踏進同一條河兩次」），來到 17 世紀末，也不過就是十二、十三萬天前。那個時候，有位名叫艾薩克・牛頓（Isaac Newton）的科學家，和一位名叫哥特弗里德・萊布尼茲（Gottfried Leibniz）的通才，孕育出這本書的主角。它是一種嶄新的數學類型，一種討論變化的語言，嘗試描述這個變來變去的地球的變化量和移動量。

今天我們把這門數學稱為「微積分」。

微積分的第一件工具是**導數**（derivative）。它是個瞬時變化率，告訴我們某件事物在特定時刻的演變情況。就以那顆蘋果砸中牛頓腦袋那一刻的速度為例，1 秒鐘前，蘋果掉落得慢一點點；1 秒鐘後，它會朝完全不同的方向移動，自然科學史也將朝完全不同的方向發展。不過導數並不在意前一秒或後一秒，它只談**這個瞬間**，也就是談一段無窮小的時間。

　　微積分的第二件工具是**積分**（integral）。它是無窮多份的總和，而每份是無窮小的。想像一系列薄如影子的圓，堆疊起來組成一個實心球的過程；或是一群像原子般渺小得微不足道的人，集合起來構成一整個文明的情形；又或者是一連串本身只有 0 秒的瞬間，積累成 1 小時、10億年、千秋萬代的歷程。

　　每個積分在談一個總體，某個極大的東西，我們的數學全景鏡頭可用某種方式捕捉到的東西。

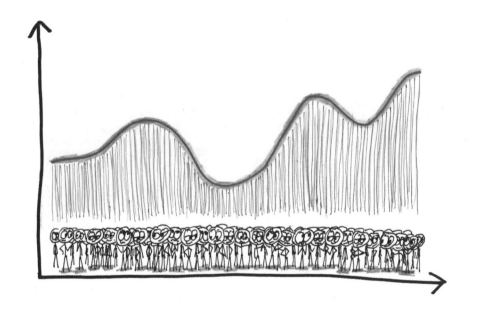

　　導數與積分已經贏得了專業化專門工具的崇高聲望，但我相信它們能夠提供更多。你和我就像小船，海浪不停拍打，隨著漩渦打轉，被湍流拋起。我認為導數與積分是口袋版的哲學：是可伸縮的槳，在這氾濫成災的世界之河中用來航行。

　　於是有了這本書，以及設法從數學中提取智慧的企圖心。

　　在本書前半段，**瞬間**，我們將探討導數的故事。每則故事都從潺潺的時間長流取出一個片刻。我們會思索 1 毫米的月球軌道、一小口的奶油吐司、一粒粉塵的不規則跳躍，以及一隻狗剎那間的決定。如果導數是顯微鏡，那麼這些故事的每一則就是精心挑選的載玻片，一個場景的縮影。

　　在本書後半段，**永恆**，我們將運用積分及其把無窮多涓滴匯聚成流的力量。我們會遇到一個由微小薄片構成的圓、一支由無數士兵組成的軍隊、一條由千篇一律的樓房形成的天際線，以及一個布滿十億兆顆星星的宇宙。如果積分是寬螢幕電影院，這些故事的每一則就是你**必須**進戲院觀賞的大場面史詩電影，家裡的電視根本無法完整呈現那股氣勢。

　　我想先說清楚：你手上的東西不會「教你微積分」。這不是按部就班的教科書，而是不拘一格、搭配粗略插圖、用非專業術語為隨興的讀者所寫的民間故事集。讀者也許是完全沒碰過微積分的人，又或是知心朋友；無論哪一種，我都希望書裡的故事會為大家帶來一點歡樂和深入的了解。

　　這本故事集一點也不完整——缺了費馬彎曲光線、牛頓的神祕變位字謎、不可能發生的狄拉克 $\delta$ 函數（Dirac delta function）等許多故事。不過，在一個不停變化的世界裡，沒有哪本書是詳盡無遺的，沒有哪部神話是從此完結的。這條河會繼續潺潺流動著。

班・歐林　2018 年 12 月

# CHANGE
## IS THE ONLY
## CONSTANT

變化的瞬間是唯一的詩。

——亞卓安・芮曲（Adrienne Rich）

瞬 間

瞬間 I.

時間又奪走了一個受害者的生命。

# I.
# 時間的亡命本質

　　亞羅米爾・赫拉迪克（Jaromir Hladik）寫了幾本書，沒有一本覺得滿意。其中一本，他視作「僅是應用的產物」，另一本「特色是隨便、勞累、揣測」。第三本設法反駁某個謬誤，卻採用「謬誤同樣多的」論點。我本人只生出牙膏廣告標榜的那般無瑕亮白的書，即使如此，我還是可以同理——特別是帶了點協助赫拉迪克熬過這一天的虛偽。赫拉迪克啊，波赫士（Jorge Luis Borges）告訴我們：「就像每位作家一樣，由表現來衡量其他作家的優點，並請他們用他的揣測或計畫來衡量他。」

　　那麼赫拉迪克有什麼計畫呢？噢！赫拉迪克很高興你問口問了：它是一部詩劇，劇名為《敵人》，而且將會是他的傑作。它將讓他所留下的成果熠熠生輝，恐嚇他的姊夫，甚至挽回「他的人生根本意義」——呃，只要他能夠清除把它寫出來的障礙。

　　我要在此道歉，因為我們的故事發生了令人傷心絕望的變化。赫拉迪克這個住在納粹占領下的布拉格的猶太人，遭蓋世太保逮捕了。在草率審問之後，他被判死刑。處決前夕，他祈求上帝：

　　　　如果我存活在世，如果我不是祢的複製品和勘誤表，那麼我就
　　　　要以《敵人》的作者身分活著。為了這部也許能替我、替祢辯
　　　　護的詩劇，我還需要一年的時間。請賜予我這一年，這許多世
　　　　紀和全部的時間都屬於祢。

　　無眠之夜過去了，行刑日到來，然後，就在軍士向行刑隊大聲發出最後命令，就在赫拉迪克做好赴死的準備，就在一切看似一去不返的時候⋯⋯宇宙凍結了。

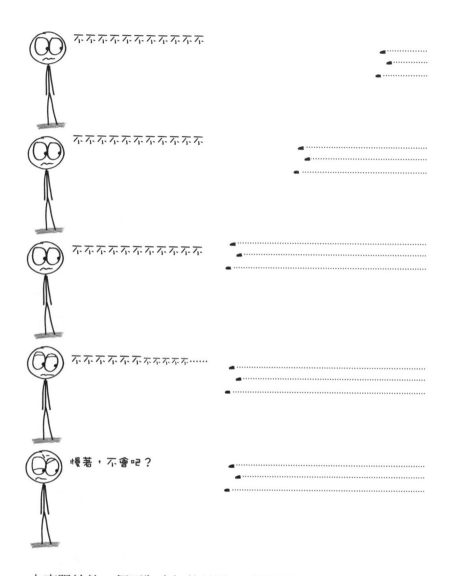

　　上帝賜給他一個不為人知的神蹟。雨滴滾落臉頰、多發致命子彈仍在半路上的這個瞬間，被擴大、延長、膨脹了。世界暫停了，但他的思緒沒有停擺。此刻赫拉迪克可能寫完他的詩劇，全在他的腦袋裡創作，潤飾詩節。這個瞬間將持續一年。

　　在這裡，在這個沒人會羨慕的命運關口上，赫拉迪克收到一份令所有人羨慕的禮物。

　　美國文學巨擘威廉・福克納（William Faulkner）曾寫道：「每位藝

術家的意圖都在利用人為手法制止移動，也就是生命，讓它定住不動。」（當然啦，赫拉迪克本人是作家波赫士虛構出來的人物。）牛頓用拉丁文寫下：「時光飛逝。」中世紀的日晷上用拉丁文刻著：「光陰似箭。」儘管活著的目的各不相同，我們所有人都在追逐同樣不可能達到的目標，不管是藝術家、科學家，還是人稱「哲學家」的不學無術善辯者。我們想要抓住時間，像赫拉迪克那樣把特別的瞬間握在手中。

　　唉，時間會閃躲。我們就來仔細想一下著名的「箭矢悖論」，這是無可救藥的希臘酸民芝諾提出的悖論之一。

　　這個悖論是說：想像有支箭飛過空中。現在你在腦袋裡讓這支箭定格於某一刻，就像赫拉迪克面前的行刑隊一樣。這支箭還在飛嗎？當然沒有──定格的定義就是凍住了。在任何片刻，這支箭都是靜止不動的。但如果時間是由瞬間組成的……而那支箭在每一瞬間都不動……那它究竟是怎麼飛的？

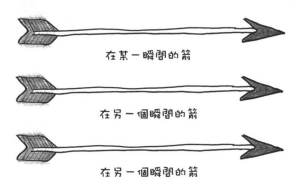

在某一瞬間的箭

在另一個瞬間的箭

在另一個瞬間的箭

那麼這支箭究竟什麼時候在移動呢？

　　中國古代的哲學家也玩過類似的心智遊戲。有一位寫道：「無厚不可積也，其大千里。」* 就數學上的意義，說某個瞬間**無厚**†的意思就是指它沒有長度、沒有長短，為時 0 秒鐘。不過，因為 2 乘以 0 仍是 0，

---

*　譯注：此句出自《莊子・天下篇》的惠施。
†　譯注：英文為 dimensionless，現代的說法是無量綱、無因次。

所以 **2 個**瞬間也會等於 0 時間。10 個、1000 個、100 萬個瞬間也是同樣的情況。事實上，**不管多少個**瞬間加起來都依然會是 0 秒。

可是，如果怎麼樣都無法把瞬間累積成某段時間，那麼年月和板球比賽又是從哪裡來的？無窮小的瞬間如何組成無限長的時間軸？

維吉尼亞・吳爾芙（Virginia Woolf）提到時間「讓動物和蔬菜非常準時地成長與凋零」。但它「對人的心神沒有如此單純的影響。此外，人的心神是以同樣的時間奇特感在運作」。

縱觀歷史，我們一直在追尋瞬間，在過程中把時間切得支離破碎。利用沙漏和蠟燭鐘，我們把一天切成小時；藉由鐘擺和擒縱器，我們把小時切成分，然後再切成秒。從這裡開始，我們把時間分解成毫秒（蒼蠅振翅半次的時間）、微秒（酷炫頻閃燈的閃光間隔時間）和奈秒（足以讓光行進 1 英尺的時間，也稱毫微秒），此外還有皮秒（微微秒）、飛秒（毫微微秒）、阿秒、介秒、攸秒。在這之後，名稱就逐漸消失了，大概是因為美國童書作家蘇斯博士（Dr. Seuss）把點子都用光了，但我們還繼續切下去。到最後，永恆碎成一個個「普朗克時間」（Planck time），相當於十億兆分之一攸秒，也就是光穿越 $\frac{1}{100,000,000,000,000,000,000}$ 個質子直徑所花的時間。簡言之，沒有哪個儀器能夠超越這個極致：物理學家堅信，就我們所了解的（或像我這樣，無法理解的），這是宇宙裡最小且具有意義的時間單位。

| 長度 | 秒 | 特殊含義 |
|---|---|---|
| 1 分 | 60 | 超級英雄電影上映間隔時間的最長紀錄 |
| 1 秒 | 嗯……1 | 噴嚏的長度，或是千倍大噴嚏的 0.1% |
| 1 毫秒 | $\frac{1}{1000}$ | 人的平均注意力廣度 |
| 1 微秒 | $\frac{1}{1,000,000}$ | 看影片等緩衝到不耐煩的時間長度 |
| 1 奈秒 | $\frac{1}{1,000,000,000}$ | 一隻狗判斷不要信任我所花的時間 |
| 1 個普朗克時間 | $\frac{1}{10^{43}}$ | 從物理學家開始討論普朗克時間等量子效應到我抓不到重點，這中間經過的時間 |
| 1 個瞬間 | 0 | ？！？！？！？！？！？！？！ |

噢，那「瞬間」在哪裡？在比普朗克時間更短的某個地方嗎？如果我們既不能把瞬間集合成區間，也沒辦法把區間切成瞬間，那麼這些看不見、不可分割的東西**又會**是什麼呢？我在普通時間的滴答滴答世界裡寫這本書，那赫拉迪克又是在哪個歡騰的非世界裡寫他的詩劇？

11 世紀的數學家首度清楚提出了暫時的答案。歐洲的數學家絞盡腦汁想要算出復活節的日期之際，印度的天文學家忙著預測日月食。預測工作需要非常精確，於是天文學家開始把時間單位弄得非常短，短到要等將近一千年才有計時器測量得出來。一個 truti（古印度針刺荷葉所需的時間）的長度不到 1/30,000 秒。

這些幾乎是無窮小的時間切片，為 tatkalika-gati 這個概念鋪路，也就是：瞬時運動。月亮**在此時此刻**移動得多快？而它又是朝哪個方向移動的？

接著又問，那麼**這個**瞬間呢？

那**現在**呢？

**如今呢？**

如今，tatkalika-gati 這個概念有個更單調乏味的名字：「導數」。

假想有一輛飛馳的腳踏車。導數就是在計量它的位置變化得有多快，也就是這台單車在某一刻的速度。在下圖中，那條曲線的傾斜度就是導數。曲線越傾斜，代表單車騎得越快，導數也越大。

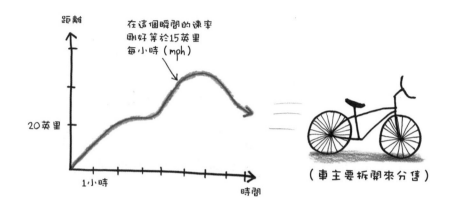

當然，這輛腳踏車在給定的任何瞬間就如芝諾的飛箭：是靜止不動的。因此，我們沒辦法藉由定格來算出導數，反而要利用放大的方法來做。第一步，確定腳踏車在一段 10 秒間隔內的速率；第二步，試試 1 秒的間隔；第三步，試 0.1 秒的間隔，然後是 0.01 秒的間隔、0.001 秒的間隔……。

我們靠著這種狡猾奸詐的方法偷偷接近那個瞬間，越靠越近，越靠越近，越靠越近，直到清楚出現模式為止。

| 開始 | 結束 | 速率 |
|---|---|---|
| 12:00:00 | 12:00:10 | 39 mph |
| 12:00:00 | 12:00:01 | 39.91 mph |
| 12:00:00 | 12:00:00.1 | 39.98 mph |
| 12:00:00 | 12:00:00.01 | 39.997 mph |
| 正午時分… | | **40 mph** |

　　再舉一個例子，我們來製造一個會冒出氣泡的反應，讓兩種化學品的小化學成分結合成新生的化學品。導數所計量的是產物濃度增加得有多快，也就是某一刻的反應速率。

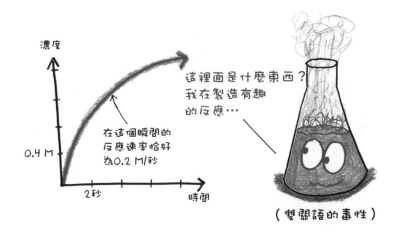

（雙關語的毒性）

　　或是假想一座兔子肆虐的島。導數在計量兔群大小變化得有多快，亦即某一刻的增長率。（在這張圖中，我們必須暫且接受「兔子個數出現分數」的虛構情節，不過如果你已經持著暫時不去懷疑真實性的態度讀到這裡，我相信什麼挑戰都難不倒你。）

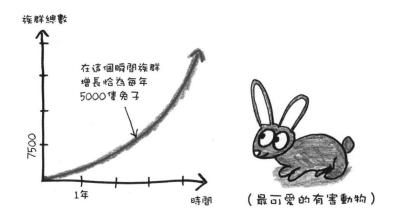

（最可愛的有害動物）

　　說也奇怪，這個關乎大多數人的基本數學概念，就像詩人想像出來的事物。導數是「瞬時的變化」：瞬間記錄到的動作，猶如收進瓶中的閃電。是對芝諾的駁斥，對赫拉迪克的辯護；芝諾說在單一瞬間什麼事都不可能發生，而赫拉迪克相信任何事都有可能發生。

　　現在你大概已經猜到赫拉迪克的故事結局了。他利用十二個月的時間創作詩劇。波赫士告訴我們，他寫作的目的不是「為了後世，甚至也不是為了上帝，因為他不甚了解祂的文學喜好」。他是為自己寫作，為了滿足湯瑪斯·沃爾夫（Thomas Wolfe）所認為的，藝術家永無休止的渴望：

> 想要以形式牢不可破的方式永久記住人生在世的獨特片刻，充滿生命之美、熱情、非言語所能形容的獨特片刻，這個片刻推移、燃燒、流逝，隨著時間撒下的沙滴從我們指間永遠溜走，甚至如永遠無法抓住的流淌河水般從我們拚命緊抓的掌握中永遠流走。

　　赫拉迪克抓住了這條河流。沒有人會讀到《敵人》或子彈很快就會繼續向前飛，都沒有關係，唯一重要的事是他寫出了自己的書，這本書現在將永世長存，在這個成為自身永恆的瞬間。

瞬間 II.
牛頓確定月球是蘋果，蘋果是月球。

# II.
# 不斷落下的月球

　　牛頓小時候是個愛探究又古怪的孩子，有則故事說他看書看得太入迷，結果他的愛貓把他未動過的餐點吃掉而變胖了。或是想想他的第一次光學探索。有遇過好奇心強到為了看個究竟不惜犧牲自己的視力的孩子嗎？他在日記中寫道：「我拿了一根粗針，然後放在我的眼睛和骨頭之間，盡可能靠近眼睛的後側：接著緊壓我的眼睛……出現了幾道白色、深色和彩色的圓圈。」

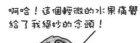

無事實根據的傳說　　　　真實情況

　　真遺憾，不過今天我們很少會記得牛頓是個肥胖家貓的自殘飼主，反而會記得他是被水果敲到頭的傢伙。

　　實際上，砸到頭的情節是後來的渲染。根據牛頓本人對這件事的說法，他只是瞥見一顆蘋果掉落，就讓他腦袋裡的發條上緊，開始了歷史上著名的運轉。牛頓的私人朋友亨利・潘伯頓（Henry Pemberton）回憶

說：「他獨坐在花園裡，開始思索重力的力量。」那顆蘋果掉落，讓他明白不管我們到多高的地方，無論是屋頂、樹梢還是山頂，重力都不會變小。挪用愛因斯坦對量子現象的說法，這是「鬼魅般的超距作用」。地球的物質似乎會吸引物體的物質，不論離得多遠。

　　好奇的年輕人進一步探究下去。（這次不是拿粗針，只有思考。）如果重力延伸到山頂**之外**會怎麼樣？如果它的引力向外延伸到比我們推測得還要遠呢？

　　如果它一直延伸到月球呢？

　　亞里斯多德大概永遠不會相信。眾星遵循完美的模式，和諧的週期，就像我老婆的家人主辦聚餐一樣。地球上的生命一片混亂，爛泥四濺，有如我來主辦聚餐一般。這兩個領域怎麼可能遵循相同的定律？哪個用粗針撐住眼睛的瘋子膽敢把地球和天外統一起來？

　　嗯，1666 年春天，那個瘋子二十三歲，在他母親的花園裡乘涼。他看著一顆蘋果掉落，然後靈光一閃，開始假想有第二顆蘋果掉落，且這顆所在的位置像月球一樣遙遠。這是旭蘋果（McIntosh）的一小步，卻是果類的一大步。*

　　他約略知道這段距離有多長：如果地球表面與地心的距離是 1 單位長，那麼月球就在 60 個單位之外。

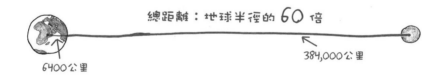

在這麼遙遠的間隔下，重力會如何發揮作用呢？

　　就連最高聳的山峰都沒有線索。比起月球，聖母峰山頂幾乎像是在地球的表皮，距離表面只有一根極粗的頭髮那麼寬。但我們來跨出只稍微脫離史實的超大步，假定重力在距離更遠處會減弱。如此一來，你走

---

\* 譯注：旭蘋果是產自加拿大的蘋果品種，也是蘋果公司麥金塔電腦名稱 Macintosh 的由來。

得越遠，它的作用力就越微弱。我指的就是牛頓著名的「平方反比律」
（inverse square law）：

距離變 2 倍時，重力只有原來的 1/4。

距離變 3 倍時，重力為原來的 1/9。

距離變 10 倍時，重力僅剩下原來的 1/100。

我們那顆勇敢去太空旅行的蘋果，與地核的距離是它那些住在果園
的膽小親戚的 60 倍，所以只會承受到 1/3600 的重力。如果你從來沒有
把東西分成 3600 份的經驗，請容我改寫一下：它會讓事物變小很多。

在地球表面的附近讓蘋果落下，它在第一秒會掉落 4.9 公尺，差不
多是位於二樓的窗戶的高度。

從月球距離的高處讓我們的太空蘋果落下，它在第一秒只會掉落 1
毫米多，大約是一張完好信用卡的厚度。

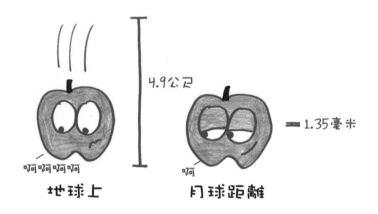

在那個時代，對月球軌道的解釋仍是懸而未決之謎，笛卡兒的漩渦
說（vortex theory）是備受青睞的理論：這項理論認為，所有的天體在
各自的路徑上會受到旋轉粒子帶的影響，就像浴缸排水時跟著水流轉圈
的洗澡玩具。不過，那是個轉變的時代：牛頓的「奇蹟之年」（那一年
「奇蹟似地」持續了超過十八個月）。閉關在母親位於英國伍爾索普
（Woolsthorpe）的小屋，躲避倫敦瘟疫大流行這段期間，牛頓孕育了隨
後會開展出近代數學與科學的想法。他清楚描述了自己的三大運動定
律，揭開稜鏡的光學祕密，設法讓眼睛遠離家用品，還發現了微積分。

在過程中，他用一顆蘋果推翻了笛卡兒的漩渦說。

正如牛頓的前輩暨情志相投的同志伽利略所知，水平方向上的運動不會影響垂直方向上的運動。讓一顆蘋果直直落下，以及把一模一樣的蘋果斜拋出去，兩顆蘋果會同時觸地。當然啦，它們的水平軌跡有差異，但垂直方向上的運動都遵守同一個獨裁的作用力：重力。

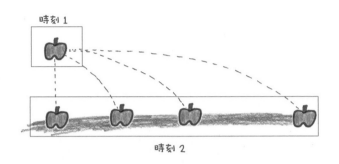

現在，把你的蘋果帶到非常高的山頂，然後用超乎常人的速率扔出蘋果。恭喜你：你已經走進牛頓傑作（《自然哲學的數學原理》）當中一張很有名的圖裡，這張圖在說明高速落下的物理學。

在這裡，由於地球的彎曲度，垂直／水平方向上的俐落區別消失了。某個瞬間的「水平」是下個瞬間的「垂直」，扔得越用力，下落的時間越久。

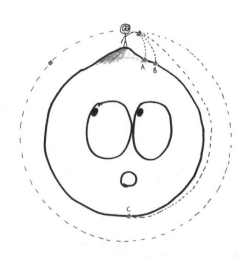

　　若以職棒大聯盟投手般的力道用力把蘋果丟出去，它在落地前會飛一小段距離，可能會抵達 A 點或 B 點。

　　若以紅襪隊投手對上高傲洋基隊打者時的投球力道**非常**用力把蘋果丟出去，這時它的水平運動會把它帶離地球，延長掉落的時間，也許它會一路飛到 C 點。

　　若以像服用了類固醇一樣的亨利・羅恩加納（Henry Rowengartner）*投球的力道**超級**用力把蘋果丟出去，它飛離地球的速度會非常快，每個瞬間的掉落只是讓蘋果恢復到原先的高度。因此，這顆蘋果可以永遠在下落。

　　軌道只是一種永恆的下落，不需要笛卡兒所說的漩渦。

　　這要如何用我們無畏無懼的月球蘋果來說明呢？嗯，這是微積分，所以要考慮一個幾乎無窮小的瞬間：1 秒的行進。在這麼短暫的間隔裡，軌道的弧線不妨就當成直線。

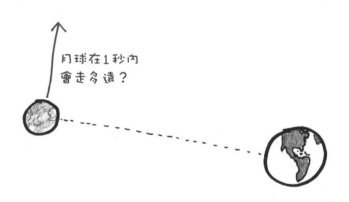

月球在1秒內
會走多遠？

　　我們在這裡標出的距離，是這顆蘋果在只靠重力設備的情況下會掉落的距離。

---

\* 譯注：1993 年電影《金臂小子》（*Rookie of the Year*）描述受傷後意外有了神奇怪力的十二歲男孩亨利・羅恩加納加入芝加哥小熊隊，用驚人的球速在國聯冠軍戰擊敗紐約大都會隊的故事。

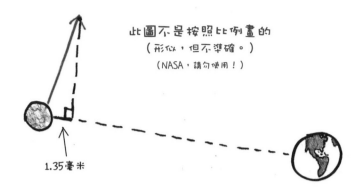

那接下來呢？牛頓的下一步是個乾淨俐落的幾何論證。我們已經構成了一個小的直角三角形，現在想知道它的斜邊長（即最長邊的邊長）。所以我們把它嵌進一個邊長比例相同的大直角三角形裡：

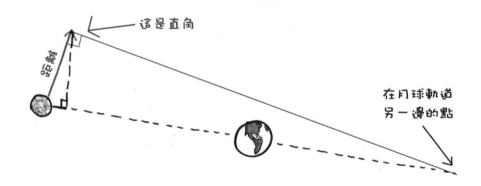

因為兩個三角形的形狀相同，所以對應邊等比例：

$$\frac{1.35\text{毫米}}{\text{距離}} = \frac{\text{距離}}{781,542\text{公里}}$$

求解這個方程式之後，會得到下面這個解：

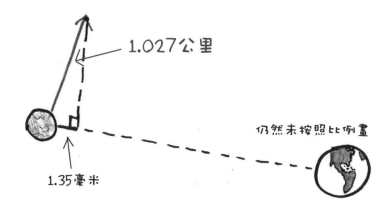

你也許還記得，我們的蘋果是以每秒 1 毫米的徐緩速率落下，相當於樹懶在地面上的速度的 3%。不過，為了讓這顆蘋果待在軌道上，我們必須以每秒 1 **公里**的速率側拋蘋果——這個速率大約是聲速的 3 倍。

我覺得這很簡單、離奇——而且表面看來簡直難以置信。月球像扔出的蘋果般落下？真的嗎，牛頓爵士？您能不能用什麼**證據**證實這個怪裡怪氣的想像實驗？

嗯，想想我們的月球蘋果繞著地球轉所需要的時間。面對這樣遙遠的距離，它必須穿越圓周長 250 萬公里的路徑。在每秒只移動 1 公里多一點的情況下，這會花多久呢？

$$2,390,737 秒 = 27.7 天$$

哈，你看看！我們的計算結果與月球的實際軌道長度吻合——誤差不到 0.7%。這個數字以驚人的精確度證實了牛頓的理論：月球真的像巨大的五爪蘋果一樣落下（而且即將當成獎賞吃掉）。正如傳記作家詹姆斯・葛雷易克（James Gleick）所寫的：

> 那顆蘋果本身並不重要。它是一對夫婦的其中一人——月球的頑皮雙胞兄弟……蘋果和月球是個巧合，推廣，跨尺度的跳躍，從近到遠，從平凡到極大。

　　牛頓爵士的理論的影響力再怎麼強調都不為過，除非聲稱牛頓發明了友誼和紫色。這個理論確立了一種支配天地的普適作用力，開啟一種近代現實觀：機械宇宙觀，宇宙如鐘錶發條裝置般，在演變過程中時時刻刻遵循明確且牢不可破的法則。

　　法國學者皮耶－西蒙・拉普拉斯（Pierre-Simon Laplace）是這麼說的：想像一位神通廣大的智者，知道每件物體位置和每個作用力強度。這樣的聰明人會知曉一切。拉普拉斯說：「沒有什麼事是未知的，而未來就像出現在眼前的過往。」

　　全世界就是個微分方程式，而男人和女人只是變數。

　　然而，牛頓學說的觀點並非人人稱頌。詩人威廉・布雷克（William Blake）直言不諱地說：「科學是死亡之樹。」作家艾倫・摩爾（Alan Moore）進一步闡述：「對布雷克來說，牛頓思想的疆界，是囚禁全人類的內在地牢的寒冷石造界限。」

　　沉重的東西。我擔心學生對我的課可能會有同樣的評語。

　　儘管如此，牛頓仍有一大批文學界的支持者。除了詩人亞歷山大・波普（Alexander Pope，「大自然和自然律隱沒於黑夜裡：／上帝說：『讓牛頓來吧！』——於是一切光明」）和威廉・華茲華斯（William Wordsworth，「有才智者的大理石表徵，恆久於此／航行過怪異思想之海，隻身一人」），牛頓最狂熱的擁護者是哲學家暨科學迷伏爾泰（Voltaire），稱牛頓為「有創造力的人」、「我們這時代的哥倫布」和（也許有些誇張）「我願敬獻的上帝」。歷史上對微積分更充滿詩意的描述之一，「為某種無法想像其存在的事物賦予一個數，並精確度量出來的藝術」，就出自伏爾泰；此外，蘋果的故事也是由他擺放到牛頓知識之旅的焦點上，而廣為流傳開來。

　　在神話迷霧的籠罩下，蘋果故事的可信度有多高呢？

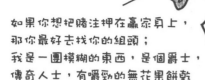

如果你想把賭注押在贏家身上，
那你最好去找你的組頭；
我是一團模糊的東西，是個爵士，
傳奇人士，有嚼勁的無花果餅乾

我是天資聰穎的單人秀，
不需要排練，
因為我的名氣就像
我的重力定律一樣：
是萬有的

　　英國皇家學會檔案室負責人奇斯・摩爾（Keith Moore）說：「這個故事當然是真實的，但我們就假定它越傳越生動吧。」牛頓自己就大肆渲染了這段趣事，代價也許是犧牲了對於科學進展時斷時續的真實面貌的更誠實陳述。畢竟他又花了十五年，利用伽利略、歐幾里得、笛卡兒、沃利斯（Wallis）、虎克（Hooke）、惠更斯（Huygens）等無數人的研究成果，來改進自己的學說。理論並非眨眼間即存在；它們有根，會壯大。花園裡的那個瞬間，並沒有長出對於重力的充分理解——它只給了我們在陽光下見到幼苗的第一眼。

瞬間 III.

向英國詩人傑拉德・曼利・霍普金斯（Gerard Manley Hopkins）致歉。

# III.
# 奶油烤吐司的喜悅
# 轉瞬即逝

　　當我移居英國，初次走進那所即將任教、四百六十二年歷史的私立學校時，不敢相信自己這麼好運。每天上午的課間休息，老師們都會到教師休息室享用一壺壺的茶和烤吐司。教師休息室和課間休息的概念把這個工作場所提升到高出我的前一個工作場所。但每天上午的盛宴，栩栩如生的霍格華茲學院白日夢？我告訴新同事：「我絕對不會習慣！」

　　我終究習慣了。

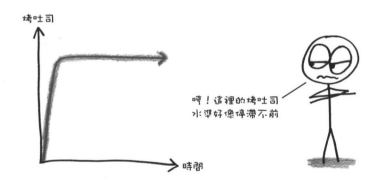

心理學家把這種過程稱為**習慣化**，意思是我的目光已經像恐龍一樣：敏捷地對準會移動的物體，對靜止的東西視而不見，即使上面抹了奶油。也許演化心理學可以解釋這個現象，抑或我也許是個不知感激的蟲子，但無論是何者，你都能用數學表述習慣化。我們習慣了這個函數，不管高度有多高。不用多久，它會取導數（非 0 的變化率）來引起我們注意。只有更新奇的新事物，才能吸引我們的目光。

　　有一天，我端著一杯剛沏好的茶，嘴裡嚼著一口全麥吐司（咳——我以為我搶到了白吐司），一屁股往沙發上我朋友詹姆斯的旁邊坐下，詹姆斯是英文老師。我問候說：「最近怎麼樣啊？」

　　詹姆斯對待這個卡位問題的方式，一如他對待所有事情的態度：十分認真。

　　他邊想邊說：「這個禮拜我很開心，有些事情還是很麻煩，不過越來越順利。」

　　顯然我先是數學老師，才是個人，因為我對朋友的坦誠相告是這麼回應的：「啊，那你的快樂函數值落在中間，但一階導數是正的。」

　　詹姆斯本來可能會一掌打掉我手裡的吐司，拿他的茶潑我，大吼：友誼到此為止！但他沒有這樣，反而（我發誓這是真實的故事）笑咪咪地湊近說：「這個很有趣。跟我解釋一下那句話的意思是什麼。」

　　我開始講解：「嗯，先把你的快樂感隨時間的變動畫成一張圖，你的快樂曲線落在中間高度。然而，從這一刻起，曲線在上升——是個正的導數。」

他說：「我懂了。所以負的導數就是指情況越變越差？」

我閃爍其詞說：「嗯，算是吧。」我在展現數學家為人喜愛（或者該說是為人「痛斥」？）的拘泥細節性格。「負的導數是指函數值在遞減。碰到某些函數，像是個人負債或身體上的疼痛，會**希望**導數是負的。但就快樂感來說，沒錯，負數是壞事。」

那是相當不合常規的第一堂微分學課。大多數的學生並不是透過「快樂」函數這種模糊不清的心理，而是透過「位置」這個清晰的物理來接觸這些觀念的。舉例來說，我們令 $p$ 代表自行車手在自行車道上的位置。起點是 $p = 0$；騎了半英里後，$p = 2640$ 英尺。

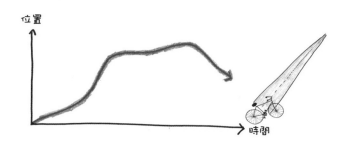

現在的導數是什麼？嗯，就是 $p$ 在某一刻變動得有多快。我們把它稱為 $p'$（那個撇號在英文中讀作「prime」）或（用更通俗一點的話來說）「速度」。

$p'$ 的值大，如每秒 44 英尺，表示位置變動得很快，車速很快；它的值如果很小，如每秒 2 英尺，就表示車速很慢。若 $p'$ 為 0，那麼位置根本沒變，腳踏車是靜止的；若 $p'$ 為負值，那麼就是在往回走，車手往反方向騎了。

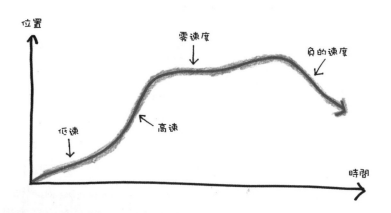

從原來（具體說明每一刻的**位置**）的圖形，我們可以「推導」出全新的圖形，明確指出每一刻的**速度**。導數的英文 derivative，源自 derive 這個動詞，意思是衍生、導出。

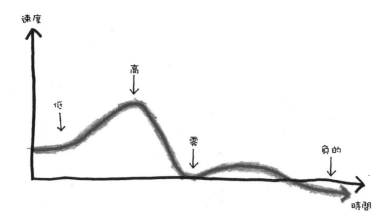

詹姆斯（我要祝福他）正在像讀到某種外星詩般吸收微積分。身為英文老師，他的專業正是探究語言及其描繪人類經驗的能力。此刻，在枯燥乏味的導數方言裡，他彷彿發現了難以置信的親屬關係，一種笨拙的翻譯文學形式。

我說：「接下來還有二階導數。」

詹姆斯一本正經地點點頭。「說吧。」

「它是你的導數的導數──所以是在說你的變化率的變動情形。」

詹姆斯皺起眉頭，原因是我在胡說八道，這點我可以理解。

我再試了一次。「導數是你的好轉率。二階導數在問：你心情變好的情形越來越快嗎？還是放慢下來了？」

詹姆斯摩挲著下巴。「呣。在我身上，我會說越來越快。所以二階導數是……正的，對不對？」

「對！」

他繼續說：「如果心情變好的情形放慢了，那麼一階導數仍然是正的，但二階導數是負的。」

「對。」

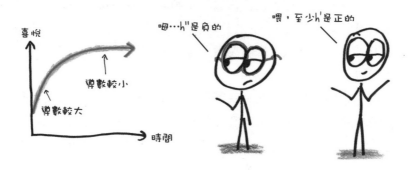

詹姆斯說：「這個我喜歡。我應該去教我所有的朋友。等他們問我近況的時候，我只要列舉幾個數字，就能精準傳達我的情緒狀態。」

「好比說，正的 $h$、負的 $h'$、正的 $h''$？」

詹姆斯從我的敘述中聽到了一道語言學的謎題，一個形式簡明又單純的備忘錄。「噢，我想想看。那是指……我很開心……而且變得沒那麼快樂……但我的快樂感下降得越來越慢？」

「你說對了。」

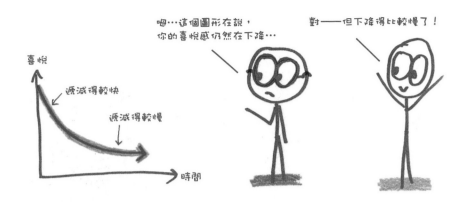

對於描繪不同的微妙情緒，這種語言看起來可能很生硬或粗糙，就像吼出「**人類快樂！**」和「**人類悲傷！**」一樣。但如所有的衍生詞一般，這是一種物理的隱喻，一種對空間中的運動的類比。

正如我們那輛腳踏車的例子所示，位置的導數是速度。那麼速度的導數呢？就是**加速度**。（也稱為 $p''$，兩撇的符號在英文中讀作「double prime」：算是一種矛盾修辭，因為「prime」有「第一流」的意思。）

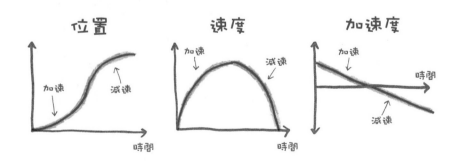

導數與二階導數提供了明顯不同的資訊。若要了解兩者的差異，不妨想像一下火箭升空後的一小段時間，這時太空人的臉彷彿果凍般往下擠。火箭的速度仍然很慢，但變動得很快，所以加速度很大。

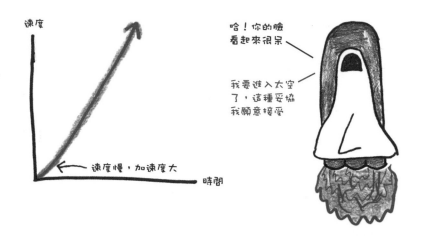

相反的情況也可能發生。巡航中的飛機速度很快，但這個速度平穩不變，所以加速度為 0。

（正如這些例子所示，速率對人體的影響不大。是加速度造成了生物力學差異，向我們施加壓力，讓我們作嘔、迷糊、興奮，因為加速度會應作用力而變動。）

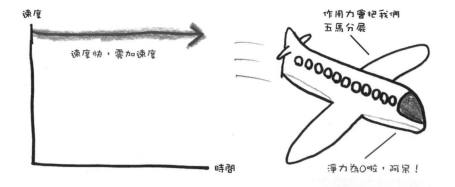

詩人羅伯・佛洛斯特（Robert Frost）曾寫道：「詩始於瑣碎的隱喻，漂亮的隱喻，『優雅』的隱喻，繼續一路到我們擁有的最深邃思維。」我不確定佛洛斯特會在導數當中發掘多少詩句，畢竟導數直接到無可救藥的地步，只說一件事情，而且不幸的是又說得很精確，但這裡是隱喻的沃土。如同速度告訴我們位置的變動，加速度在告訴我們速度的變動——適當的導數也能告訴我們快樂感的變動。

　　詹姆斯本人可不是二流的隱喻專家，他知道下一個問題該問什麼：「那三**階**導數呢？」

　　在物理上，三階導數（$p'''$，讀作「$p$ triple prime」）稱為**加速度的時變量**（jerk），指加速度的變動，即作用在物體上的外力變化。想想車子緊急煞車的瞬間，或火箭發射升空的剎那，抑或拳頭擊中臉部的那一微秒。新的作用力一出現，加速度就改變了。

　　我還沒教過加速度的時變量，除了當作一種新奇的事物之外。做三次導數實在太多了。18 世紀哲學家喬治・柏克萊（George Berkeley）寫道：「依我看，能夠理解消化二階或三階流數的人，當然不需對任何神學論點感到噁心。」流數（fluxion）是牛頓對導數的稱法。

　　我警告詹姆斯：「這有點難懂，它的物理解釋很不容易理解。」

　　但在剛才的 5 分鐘，我已經爭取到一位皈依者，也可以說是狂熱分子。詹姆斯大喊道：「現在還不要放棄！三階導數簡單啊：就是我的喜悅感受的變化的變化的變化。」他的音量越來越大；同事們的關切目光從四周投了過來。「事實上，我必須說出所有的導數！用無窮多個數字形容我的喜悅感的變化情形，這種變化的變化情形，這種變化的變化的變化情形……這樣我的朋友不用靠言語也能清楚了解我的感受。」

　　我說：「確實是。事實上，假如他們清楚知道你的喜悅感在此刻怎麼樣不斷變化，知道這整串無限延伸下去的導數，他們就可以無限期預測出你未來的情緒狀態。只要導數夠多，他們還可以推測你一輩子的快樂歷程。」

　　詹姆斯狂笑，雙手緊握。「這樣更好！我再也不用跟朋友講話！」

　　我開始擔心。「對你的幸福感本身，這麼做不會有負面影響嗎？」

　　詹姆斯對我的異議不以為然。「我會把這點放進那些導數中。他們會知道的。」

　　鐘聲就在這時響起。就算在老師的天堂裡，偶爾還是得授課。我把馬克杯放在櫃臺上，快步衝向我的教室。我覺得我有向負責擺放吐司還要清洗盤子的莎拉道謝，但我知道，像我這樣已變習慣的怪物，有時會忘記。

繆思啊，歌頌無窮小之量吧，
唱出它如何對戰、迷惑
那些碰觸它之人，
直到某個符號撫慰了它的憤怒，
微積分這孩子出世為止。

**瞬間 IV.**
萊布尼茲自述史詩般的事蹟。

# IV.
# 共通的語言

我愛自創數學詞彙，至少是喜歡嘗試。殘酷的事實是，「cancelt-harsis」（各項互相抵銷的滿足感）與「algebrage」（在某個代數小錯誤上花大把鐘頭之後的怒火）這兩個英文字未曾真正流行起來。唉，這是萊布尼茲的豐功偉業超越我的另一個原因，因為他替數學詞典添了不少字彙，包括：

- 常數（constant）：固定不變的量
- 變數（variable）：可變化的量
- 函數（function）：把輸入與輸出連繫起來的規則
- 導數（derivative）：某一瞬間的變化率
- 計算法（calculus）：一套計算系統，就像他發展的微積分學 *

再額外奉送他引進但非發明的符號（例如用 ≅ 代表全等、用 = 代表比例，以及使用括號來分組），就可清楚看到，21 世紀的數學書寫方式是走在萊布尼茲於 17 世紀開闢出的蹊徑上。即使如此，這一切只是他最了不起的符號記法貢獻的次要之物。

字母 *d*。

聽起來簡單得要命，比較像芝麻街，而不像哈佛園（哈佛大學校園最古老的部分之一）。傳奇數學家麥可・艾提亞（Sir Michael Atiyah）在 2017 年開玩笑說：「萊布尼茲只做了一件事，就是把 *d* 放在 *x* 的前面。這顯然是一種成名的方式。」

---

\* 譯注：calculus 原意是用來計算的小石子，引申為計算法或專指微積分這門數學。

　　說句公道話，記法上的重大突破在事後看來總是顯得平淡無奇。你多久感謝一次發明了等號（＝）的羅伯・雷科德（Robert Recorde），感謝他替我們省去反覆寫「等於」兩字的麻煩？數學符號的目的是讓我們把思緒投射到紙上，經過精選的符號感覺很自然而然，會令人忘記整個過程其實是人為的。無庸置疑，數學符號體系是一件專業上的功績，借助其他方法讓腦袋延伸，猶如機械臂般怪異而深邃。

　　而且數學史上其他人製作的符號，都不像萊布尼茲所用的那樣清晰明確。電腦科學家史蒂芬・沃夫朗（Stephen Wolfram）深思之後說：「我想萊布尼茲的數學成就絕大部分來自他對於記法投入的努力。」

　　萊布尼茲出生於 1646 年，比其微積分共同撫養人牛頓晚了幾年，生涯中擁有多種身分。身兼哲學家、社交界名流，以及如肖像畫所繪的巨大假髮展示人，他只把「發現微積分」當成洋洋灑灑履歷中的一項。他是歐洲最頂尖的地質學專家、中國專家、法律疑難案件專家——說得更籠統些，就是歐洲最頂尖的專家。有位王室的雇主悲傷地嘆了口氣，稱他「我的活字典」。他一生中與超過一千人通了一萬五千封信。

　　萊布尼茲很在乎他的讀者。不像牛頓故意用難親近的筆法寫作《原理》（Principia）（「以免被那些數學半吊子惹惱」），萊布尼茲很重視明白清晰的溝通。因此在發展微積分的概念時，他一定會賦予時髦合身的符號。

就像 $d$ 這樣的符號。

在數學上，Δ（希臘字母「delta」）代表變化。我們來考慮一個摘自頭條新聞的例子，這是今天早上才發生的，而且六個月前還聞所未聞：我去跑步了。

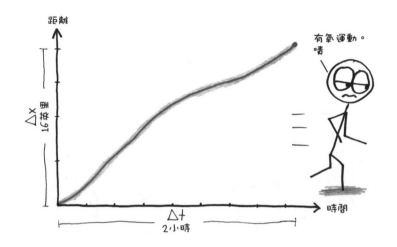

如果 $x$ 是我離家的距離，那麼 Δ$x$ 就是該距離在某段時間內的變動。我們假設是 16 英里好了（既然這是我的書，我想虛報就能虛報）。

好，如果 $t$ 是時間，Δ$t$ 就代表我跑了多少時間。假設是 2 小時吧（喂，因為這樣就簡化了讓我成為飛毛腿的演算過程）。

我的速率有多快？嗯，為了算出變化率，需要相除。在這個例子裡，是 Δ$x$ 除以 Δ$t$，結果是每小時 8 英里。

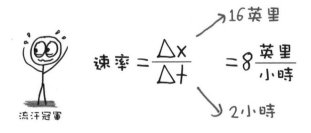

好，那我在下午一點整的速率呢？你大概還記得，導數就是**瞬時**變化率，它不在分析悠閒的兩個小時，而是特別關注某個瞬間定格。

不過這就產生問題了。在這段無窮短的時間內，沒有時間流逝，我也沒有跑出距離。$\Delta x$ 和 $\Delta t$ 都為 0，且 0/0 給不出很有啟發性的答案。

萊布尼茲的改良記法現在要加入了。我們要把 $\Delta x$ 和 $\Delta t$ 換成 $dx$ 和 $dt$：位置與時間的無窮小增量。

因此，他用來表示導數的記法是：$\frac{dx}{dt}$。

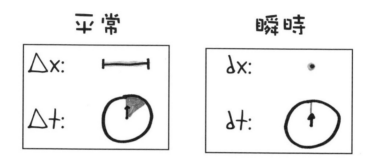

這裡有個醞釀中的詐騙陷阱：$dx$ 和 $dt$ 不是真正的數，不能真的相除。這種記法並非如實的；它比較像是類比，或魔術師的手法。但這正是這個符號體系功能強大的原因所在。哈佛大學數學家巴瑞‧馬祖爾（Barry Mazur）把萊布尼茲的導數比作來自中文或日文這樣的半象形文字：不僅僅是任意選定的記號，還是對此概念本質的細微、引發聯想的說明。他把它算進他的「最愛數學術語」，就為了這個理由：它「看上去不言自明」。

我得承認，還在當學生的時候，我更喜歡受牛頓影響的「′」記法（我們在第三章見過的撇號）。對我來說，$\frac{dx}{dt}$ 這種事情感覺起來很凌亂複雜，最糟糕的是它設了陷阱：一個其實不是分數的分數。

但漸漸地，我開始欣賞萊布尼茲的 $d$ 符號的神祕力量：極大的靈活度。撇號雖然假設了一個輸入變數（通常是時間），萊布尼茲的符號所及範圍卻廣泛得多。這些符號讓我們有辦法為複雜芭蕾舞劇裡的大量變數編舞。

　　要看出這一點，我們可以走進經濟學教室一探究竟。若能踏進玩具公司董事會議室，那就更好了。

　　我跟你在生產泰迪熊，以某個價格（$p$）售出某個數量（$q$）。倘若我們微幅提高售價，會發生什麼情況？泰迪熊的銷售量通常會下滑，但精確的答案是個導數：$\frac{dq}{dp}$。這是銷售量相對於價格的瞬時變化率。

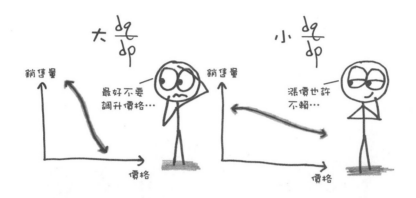

　　然而，決定 $q$ 的因素不是只有 $p$。我們也許會登廣告，花點錢（$a$）在電視上打廣告，這樣一來，$\frac{dq}{da}$ 這個導數就在說明額外的廣告支出對銷售量的邊際影響。

　　話說回來，如果多打廣告，也許我們就得提高價格。那代表要考慮 $\frac{dp}{da}$：我們的售價如何根據廣告預算來變動。

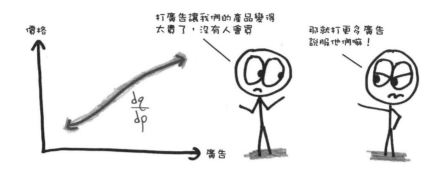

我們甚至可以把導數上下顛倒過來。$\frac{dp}{dq}$怎麼樣？這在告訴我們**價格**會如何根據**銷售量**的無窮小變化而變動。

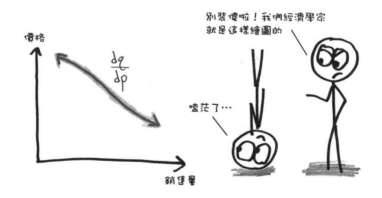

撇號記法能應付像這樣多變的導數嗎？別鬧了！唯有萊布尼茲靈巧的 $d$ 才有辦法處理得這麼優雅巧妙。此外，這也讓萊布尼茲的符號在討論微積分最深入的應用，也就是最佳化（optimization）的技巧時，成為最恰當的語言。

我不知道你怎麼想，不過我沒打算靠泰迪熊去交朋友，甚至不想生產絨毛掠食動物玩偶，降低孩子對熊的正常天生恐懼感。我做生意是為了賺錢，因此對我而言只有一個輸出變數很重要：**利潤**。

**本身毫無價值的物品**

　　為了追求最大利潤，我們不想把價格定得太低。假設一隻泰迪熊的生產成本是 5 美元；這樣的話，賣 5 美元就變成在做慈善事業，而不是做生意。價格定在 5.01 美元勉強好一點——當然啦，用這種折扣價會賣出很多泰迪熊，但即使賣了一百萬隻，我們只會輕鬆賺進 1 萬美元。

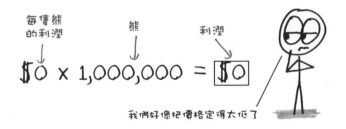

　　另一方面，我們又不希望把價格定得過**高**。如果每隻熊賣 5000 美元，也許有一些天真的億萬富翁會買一隻，也許不會。不論買或沒買，我們的銷售量都少到賺不了什麼利潤。

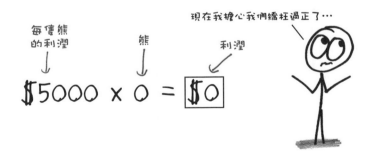

我們需要的是導數。倘若價格提高了某個無窮小的增量，會對我們的利潤產生什麼樣的影響？

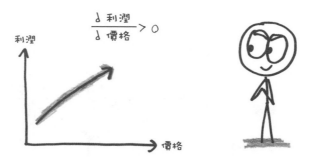

$$\frac{\partial\ 利潤}{\partial\ 價格} = 利潤如何隨價格的微小提高而變動$$

導數是正的？這代表抬高價格會讓利潤增加。換句話說，我們的價格定得過低。

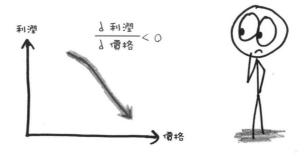

導數是負的？這代表**壓低**價格會騙到更多消費者，而讓利潤增加。換句話說，我們的價格定得太高。

我們想找到特殊的瞬間：使導數恰好為 0 的價格。

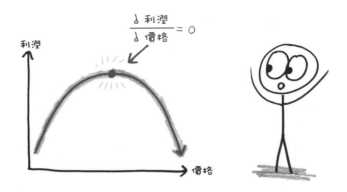

　　**極大值**是過渡的瞬間：當導數從正值轉為負值的那一刻。同時，**極小值**剛好相反：當導數由負值轉為正值的那一刻。背後的邏輯事實上很直截了當：物盛則衰。這是所能做到的最大努力了。

　　我們剛才定義的極大值並未用到**全域**的性質（「所有的點的最高點」），而是用**局部**的性質。往左看一點點距離，圖形向上傾斜；往右看一點點距離，圖形向下傾斜；對著這個點看，導數即為 0。這是根據一種微觀的分析來定義極大值。它是個俐落的手法，就像從一個土壤樣本鑑定出某座山頭。

　　萊布尼茲 1684 年的論文〈極大與極小的新方法〉（Nova Methodus pro Maximis et Minimis）是微積分史上第一篇出版品，數學家歐拉（Leonhard Euler）曾說：「世上所發生的事情，沒有哪一件的含義不是某種極大或極小。」

　　萊布尼茲二十歲出頭的時候，決心加入某個入會限制嚴格的鍊金術組織 *。（喂，那是 1660 年代，人人都在鍊金。）為了證明自己的鍊金誠意，萊布尼茲收集了一串流行用語，並用這些詞語拼湊成一封洋洋灑灑、文情並茂且相當荒謬的入會申請函。這封信奏效了，為之傾倒的鍊金術士選他擔任祕書。但萊布尼茲識破了這些狗屁倒灶──真是太讓人意外了。不出幾個月他就離開，後來痛斥該團體是「黃金製造集團」。

　　對我來說，這是典型的萊布尼茲。首先要精通語言，接著真理就會浮現，無論是什麼真理。熟記那些亂七八糟的鍊金術詞彙之後不到十年，這個傲慢的年輕人就發明出無數人沿用至今的數學詞彙。

　　他有沒有把鉛變成黃金呢？並沒有。有一件事他做得更好：把小寫的 $d$ 變成描述瞬間的不朽語言。

---

* 譯注：指位於紐倫堡的祕傳教團玫瑰十字會（Rosenkreuzer），成員為鍊金術士和哲人。

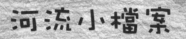

# 河流小檔案

全長：很長

渾濁：是

水量：非常非常非常大

歷史：狂野不羈

瞬間 V.

馬克・吐溫教數學。

# V.

# 當密西西比河
# 有一百萬英里長

　　馬克·吐溫在《密西西比河上》（*Life on the Mississippi*）一書的開頭幾頁，提供了人人渴望的東西：統計數字。密西西比河的全長：4300英里（約6920公里）；流域面積：1,250,000平方英里（約3,240,000平方公里）；每年的泥沙淤積量：4.06億噸。馬克·吐溫算出，「這麼大量的淤泥會堆成一英里見方、高兩百四十一英尺的泥塊。」這算是很有實證根據，也許還有點枯燥乏味——對一位作品時而滑稽幽默、時而褻瀆不敬的作家來說。

　　但別擔心，馬克·吐溫書迷們！就如他本人說過的：「先蒐集事實，然後愛怎麼歪曲就怎麼歪曲。」像馬克·吐溫這樣潤飾加工本領高明的說故事者，從隨便什麼題材都可以編寫出荒誕的故事——就連數字也行：

> 這些枯燥的細節有一點特別重要，就是讓我有機會介紹密西西比最古怪的一個特點——這條河的長度有時候會縮短。

　　和所有的古老大河一樣，密西西比河蜿蜒曲折。在其中一個河段，它迂迴流過1300英里，但距起點只有675英里。此外，這條河偶爾會奔湧切過一片狹長的土地，把原本的曲流截彎取直了。馬克·吐溫說：「它不止一次一下子就縮短三十英里！」在馬克·吐溫的這本書問世前兩百年，這條河下游（從伊利諾州的開羅，到路易斯安那州的紐奧良）的長度，從1215英里縮短到1180、再到1040，最後變成973英里。

講故事的人在這裡接手：

地質學從來沒有這樣的機會，也沒有這麼精準的資料可供論述！……請注意看：──

在一百七十六年間，密西西比河下游本身已縮短兩百四十二英里，平均起來每年稍微短了一又三分之一英里多。因此，凡是眼睛沒瞎或腦袋不蠢的冷靜之人都能看出，在古老的鮞狀岩志留紀，就在明年 11 月的一百萬年前，密西西比河下游有一百三十萬英里那麼長，像一根釣竿似的伸出墨西哥灣外。基於同樣的理由，任何人都可以看出七百四十二年後，密西西比河下游的長度將只有一又四分之三英里，開羅和紐奧良的街道將會相連起來，在同一位市長和共同的市議會的帶領下舒服度日。科學是有點有趣的東西。投入這麼一丁點的事實，就可收穫如此多的推測結果。

好了，馬克‧吐溫只是在玩某種愚蠢的算術遊戲嗎？完全不是！他玩的是深奧的幾何遊戲。這是在微積分核心的基本幾何學，是讓導數可行且有用的幾何學：關於直線的普遍幾何學。

請注意看：──

我們可以畫出圖形，呈現密西西比河下游（從開羅到紐奧良）在歷史上各年分的長度：

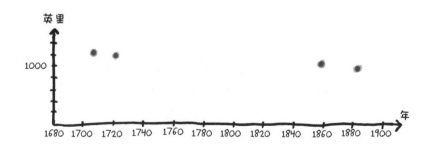

　　是啦，我們的資料有點寥落，但下降的模式很明顯。如今統計學家很喜歡用一種方法為這種模式添枝加葉：經濟學家、流行病學家和各個地方的輕率歸納者熟知並稱為「線性迴歸」（linear regression）的工具。

　　第一步，找出圖形的「中心點」。它的坐標很簡單，就是現有資料的坐標的平均數。

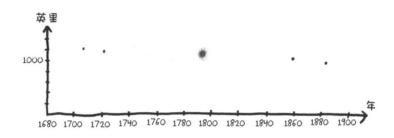

　　接下來，從通過該點的所有直線當中，選出一條與資料配適得最好、與既有的點距離最接近的直線。

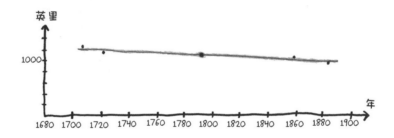

　　唔！現在我們已經從幾個散落的點，頑固又靜止不動的東西，一舉跳到宏偉又連續的直線上。它上面包含了**無窮多**點，在兩個方向上想延長到多遠就能延長到多遠。

　　舉例來說，我們可以把這條直線延長到遙遠的過去：

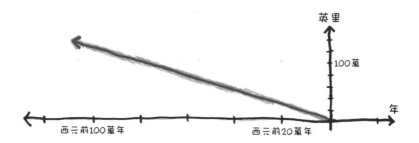

看哪！一百萬年前，密西西比河是宇宙級怪物，長度超過一百萬英里。馬克·吐溫用垂釣於墨西哥灣的「釣竿」勉強描繪出一幅畏怯又力不從心的圖像。**真正的**密西西比河延伸出的距離是月球的 5 倍遠，這顆冷冰冰的衛星每次經過，這條河就會像消防水帶一樣朝它噴水。

由於直線有兩個方向，所以我們也可以把這個線性模型推向未來：

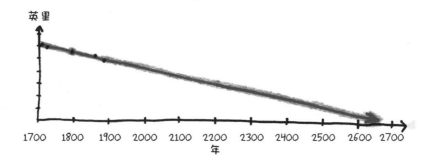

看到了吧！在 28 世紀開始前不久，密西西比河將縮減到不到 1 英里長。為了因應變化，北美大陸會像紙球般揉成一團，讓開羅和紐奧良期待已久的沿河毗鄰夢想成真，而兩城之間會隱約出現一道 500 英里深的裂縫，直直通達地球內部的地函。

我聽見你抱怨：「在這麼搖晃的根基上，根本不可能建構起正經的數學。」

哈！這個「正經」的數學是什麼？數學是邏輯的活動，是抽象的胡鬧之舉，而在許多數學遊戲中，直線又是不可或缺的簡化物。直線可幫忙繞過緩慢的計算曲流，有如縮短河流的截彎取直。這也就是為什麼直線處處可見——突然出現在統計模型、高維變換、奇特怪異的幾何曲面

中，最重要的是，導數的本質中也會冒出直線。

就拿拋物線來說吧。如果你的眼睛像補足了咖啡因的老鷹一樣銳利，並且用力瞇著眼睛看下面這張圖，就會看見一件玄妙的事實：拋物線不是直線。

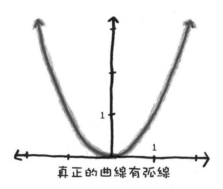

真正的曲線有弧線

說得更確切些，它是曲線──我要為講出專業術語表示歉意。

不過，讓我們放大仔細看一看。你現在看見什麼？

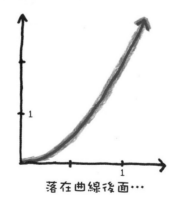

落在曲線後面…

沒錯，仍是曲線。但它是沒那麼曲線玲瓏的曲線，沒那麼拋物線形的拋物線。再注意看看繼續放大會發生什麼情況：

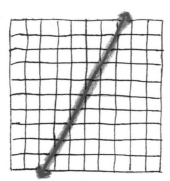

驚爆：真正的曲線*沒有*弧線？

　　彎曲度在變柔和，變徐緩。我們哄它入睡。放大到夠近時，彎曲度就會微小到肉眼幾乎無法察覺。嚴格說來，它仍是曲線；就實際用途來說，不妨把它當成直線。

　　此外，在小於所有已知大小但還不到 0 的某種無窮小尺度下，這條曲線達到了我們要找的目標。它變成真正的直線了，至少在我們的想像中是如此。

　　好了，那這些和導數有什麼關係呢？息息相關。

　　你或許還記得，導數是某一瞬間的變化率。舉例來說，它可能在告訴我們密西西比河的長度在此時此刻是如何演變的。

　　不過，密西西比河的長度變化並不規律。它會有一段時間維持不變，接著突然縮短，然後又逐漸變長。我們身為人類，不會嫉妒河流選擇了不斷變動的一生，但身為數學家，當然會嫉妒。我們怎麼能容忍這種反覆無常的行為？既然這條河在一瞬間過後不會遵守任何速率，我們要怎麼談變化率？

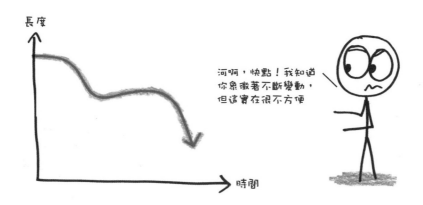

簡單：我們可以放大，就像剛才仔細看拋物線的方法那樣。靠得夠近，近到無窮小的尺度，圖形的彎曲度就變直了，讓我們辨認出導數。

因此，所有的微分法都以一種簡單的觀察為基礎：**放大直線化**。

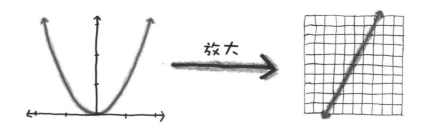

在大尺度下，地球不是平的。事實上，我們想把地球弄平的企圖，會產生像麥卡托投影（Mercator projection）那樣一塌糊塗的變形失真，譬如讓（面積還不到 260 萬平方公里的）格陵蘭看起來和（將近 3100 萬平方公里的）非洲一樣大。但在小尺度下呢？嘿，有何不可！放大到夠大的時候，你就不會再察覺到彎曲度了。如果我從伊利諾州的開羅描摹密西西比河，描繪到肯塔基州的哥倫布，共 20 英里的河段（僅相當於地球周長的 0.08%），那麼一張平面的地圖就能完全勝任。

馬克·吐溫犯下一個古老的罪過：誤把**局部的**直線性當成**全域的**直線性。此外，他這麼做是在開玩笑，別人卻做得慎重其事。喬登·艾倫伯格（Jordan Ellenberg）在筆鋒犀利的《數學教你不犯錯》（*How Not to Be Wrong*）一書中（本章有許多點子就是我從這本書竊取來的），引述了一

個值得注意的謬誤實例：2008 年一篇發表於《肥胖》期刊（*Obesity*）的論文聲稱，到 2048 年，美國成人過重或肥胖的百分比應該會達到（鼓聲請下）100%。

　　發表該論文的研究人員把他們的線性模型推得太遠，往外跑進太空的真空中，而現實世界的表面卻已經轉彎了。

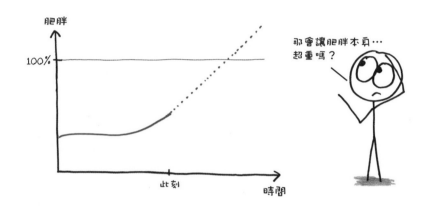

　　還有一項個案研究：《自然》期刊（*Nature*）在 2004 年刊登了一篇簡短的論文，指出奧運 100 公尺短跑項目的女子組成績已經進步得比男子組還要快，因此，作者群使了個眼色並寫道，「如果目前的趨勢繼續發展下去」，2156 年奧運會女子選手應該會追上男子選手，屆時男女參賽選手都會跑出極快速的 8 秒成績。

　　哎喲，等到 2156 年奧運會在太空巴黎市、月球紐約市或谷歌人民共和國舉辦之時，我敢說「目前的趨勢」將不再持續。原因是，「目前的趨勢」看起來始終是直線，然而歷史的完整弧線幾乎未曾是直線。若把同一個模型外推回古希臘時代，我們會發現當時的戰士百米成績是 40 秒，這是輕快的步行速度，路易斯安那州近年有位高齡一百零一歲的阿嬤就跑出了這個成績。隨著金牌時代不斷到來，未來顯得更加不可思議，最終達到《星艦迷航記》（*Star Trek*）的成績：

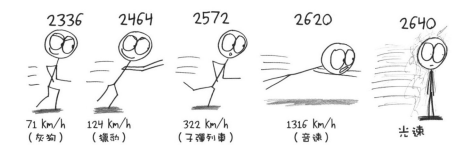

人生宛如密西西比河，它會流動，曲曲折折。放大得夠近，可能就會發現一條平直的邊，然而整片風景是蠢蠢欲動、不停彎曲的。

最後，我要從《密西西比河上》再選一段文字，這段文字談到了在密西西比河三角洲沉澱下來的沉積物：

> 淤泥堆積逐漸讓土地延伸──但只是逐漸而已；在過往兩百年間，土地延伸還不到三分之一英里……科學界的人的看法是，過去河口在巴頓魯治（Baton Rouge），也就是山丘的終點，從那邊到墨西哥灣之間的兩百英里土地，是這條河形成的。這就告訴了我們那片國土的年齡，而且完全沒費什麼力氣──十二萬年。

這裡又出現了一個線性模型。馬克・吐溫留意到最近兩個世紀，在這段地質瞬間，那片土地增加了 1/3 英里（相當於 536 公尺）──大約每年 9 英尺（相當於 2.7 公尺）。接著他往回推算，推斷出 12 萬年前，三角洲位於上游 200 英里處。

唉，馬克・吐溫犯了《肥胖》論文研究人員所犯的錯，而且是他在其他地方挖苦的相同錯誤。

正如我們所知，密西西比河可追溯到上個冰河期的尾聲，也不過一萬年前。馬克・吐溫的線性模型又往前延伸了一百個千年，彷彿一條向外探進太空深處的河。他是在期望一個導數述說所有的永恆，忘了它只能代表某個瞬間說話。

瞬間 VI.
福爾摩斯與運動學搏鬥。

# VI.

# 福爾摩斯與
# 騎錯方向的腳踏車

　　在亞瑟·柯南·道爾（Sir Arthur Conan Doyle）的作品〈修院學校探案〉（The Adventure of the Priory School）中，災禍降臨一所上流階級的英國寄宿學校。某位富有公爵的十歲兒子在宿舍裡失蹤了，下落不明的還包括：一位德語老師，一輛腳踏車，服務多元化族群的承諾。由於當地警方百思不解，絕望的校長跟跟蹌蹌走進貝克街 221 號 B，找小說中最受尊崇的偵探求助。

　　他說：「福爾摩斯先生，如果您願意盡力而為的話，我現在就在懇請您做這件事，因為您一輩子不會再碰到更值得您花力氣的案件了。」

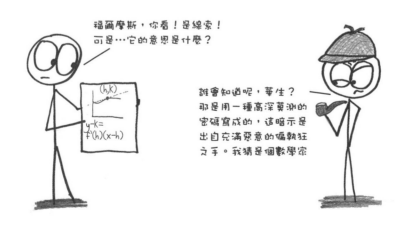

幾小時後，就在夏洛克‧福爾摩斯和華生醫生暗中穿過「一大片平緩起伏的荒野」之際，無意間發現了他們的第一個線索：「一條微不足道的黑色小徑。在小徑的中央，腳踏車的輪印清楚留在溼漉漉的泥土上。」這時福爾摩斯展開了一段經典的演繹推理：

「如你所見，這道輪印是從學校方向騎出來的人留下的。」
「或是往學校騎？」
「不對不對，親愛的華生，比較深陷的壓痕，當然是支撐住重量的後輪。你可以看見，它在幾個地方越過並且蓋掉前輪比較淺的輪印。腳踏車肯定是在遠離學校。」

多麼高超的物理學功力！多麼過人的幾何學才智！只有一個小問題，被流暢的議論給掩飾了，用個簡單的圖示就會看得更清楚：

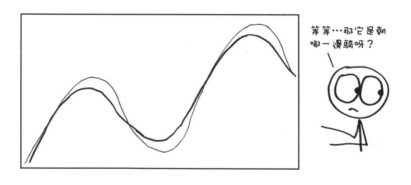

等等…那它是朝哪一邊騎呀？

我們從圖中看到，較粗的車轍會越過較細的。這樣就看得出腳踏車往哪個方向騎嗎？看不出來呀，因為福爾摩斯犯了一個不太典型的錯。後輪**總是**會跨過前輪。這不是確定方向的線索，只是來自腳踏車設計的單純結果：在設計上，腳踏車的前輪可在樞軸上轉動，後輪保持固定。

福爾摩斯怎麼會像這樣丟下我們不管呢？數學教授愛德華‧班德（Edward A. Bender）暗示：「也許他最近吸了一些鴉片。」可能有人會怪柯南‧道爾，但我相信福爾摩斯必須像個虛構的成年人一樣，為自己的錯誤負起責任。

　　公爵很幸運，有個正確又漂亮的方法可以從腳踏車的車轍推斷出方向。這個方法是根據一個來自微分學的簡單又有力的概念：**切線**（tangent line）。

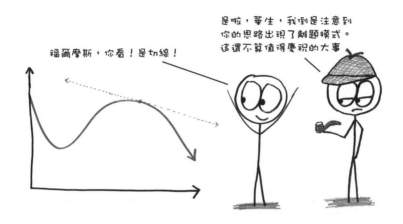

「tangent」這個英文字，與「tangible」（可觸摸的）和「tango」（探戈）一樣源自同一個拉丁文字根（即 tangere），都是與碰觸、撫摸有關的字詞。在數學中，切線會擦過曲線上的一個點，在那個點，極短暫的一瞬間，它模仿出這條曲線的瞬時方向，也就是它的導數。

　　舉例來說，如果這條曲線是一輛車子所跑的路線，那麼切線會顯示大燈的方向。

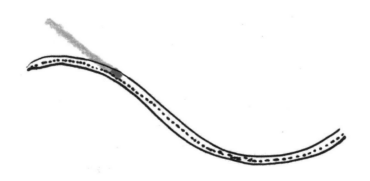

或者來個更刺激的示範，先用繩子綁住一顆石頭，然後在頭頂上方甩圈，甩到繩子斷了為止。這時石頭會直直飛出去：這條直線就是它鬆脫瞬間的軌跡的切線。

那現在的腳踏車是什麼情形呢？由於後輪固定在車架上，因此它在任何瞬間都追著前輪，也就是說，它的瞬時運動方向會指向前輪此刻的位置。

我們用個初步的謎題試騎一下：倘若不曉得輪印多深，還分辨得出哪個是前輪嗎？

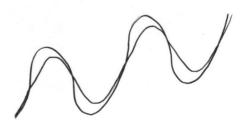

　　這個容易，親愛的福爾摩斯！只要在其中一條車轍上找出切線指向太空、望向腳踏車未曾騎去的方向的一瞬間。後輪會讓自己像這樣恍神嗎？絕對不會！它的目光時時刻刻對準自己的搭檔，因此帶有面向外部的切線的輪印，一定是屬於前輪的。

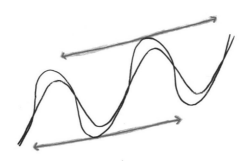

　　為表示對故事中公爵所提供的獎金的尊敬，現在要換獎金 6000 英鎊的題目了：這輛腳踏車往哪個方向騎呢？

　　只有兩種可能可去思考。第一種，假定腳踏車是從左邊騎向右邊。替後輪畫出恰當的切線，並延長到與前輪的軌跡相交為止：

　　沿著切線從後輪到前輪的距離，應該要對應到腳踏車的長度。但在這裡，那段距離卻因點而異。這讓我們推斷，腳踏車在行進期間，車身長度會像一個兩輪的彈簧玩具般變來變去。這種腳踏車的車主想必有獨一無二的騎車技術，以及靠不住的判斷力。

　　〈修院學校探案〉提供了恰如其分的評論：

我喊道：「福爾摩斯，這根本不可能。」

他說：「很好！這句話真是有啟發性。如我所說，這是不可能的，所以在某方面我一定說錯了……你可以指出什麼謬誤嗎？」

在我們的例子裡，謬誤很明顯。我們還有一種可能沒檢查──腳踏車從右邊騎向左邊：

啊哈！真是幸運，這些切線的長度都相等，顯示這是一輛堅固、甚至更為合理的腳踏車。我們的結論是，這是這輛腳踏車的真實方向。

這不是很棒的推理轉折嗎？它從運動的遺留痕跡中取得確定性，從幾何學的暗碼語言中挖出平實的真相。它結合了有形證據的仔細檢驗與抽象邏輯的審慎運用。在這些特質上，它看上去就像福爾摩斯式推論的每一次勝利──而且無獨有偶的是，也是高等數學的勝利。

福爾摩斯與數學的關係很明顯：數學是他在鏡中的映像。這就是為什麼柯南・道爾想要一個可與講求邏輯、觀察力敏銳的偵探匹敵的反派人物時，塑造了一位數學家，莫里亞蒂教授。他形容這位「犯罪界的拿破崙」是「奇才、哲學家」和「抽象概念的思想家」，此外還是「《一小行星的動力學》的馳名作者，那本書攀升到極高深的純數學境界，聽說科學出版界無人能做出評論」。

想到莫里亞蒂可能三兩下就解決了腳踏車輪印的問題，便令人洩氣。我們可以相信，福爾摩斯的仇人很了解他的切線。

　　我自己是從席芳・羅伯茲（Siobhan Roberts）所寫的動人傳記《大才玩家：約翰・何頓・康威的好奇頭腦》（*Genius at Play: The Curious Mind of John Horton Conway*），得知這個腳踏車謎題。* 在某個令人難忘的場景中，有三位數學家共同在普林斯頓大學開了一門實驗性的課，課堂名稱為「幾何與想像」，是一項「間接、有顛覆性的努力」，針對「主修數學和詩歌的學生」。他們預計大概會有二十名學生選課，結果發現他們要應付的是九十二人。正如羅伯茲所寫的，這門課讓學生值回票價：

> 三位教授安排了一項集體進入教室的儀式，有時隆重正式，有時拿著旗子，有時戴著單車帽，經常拖著一台紅色的兒童推車，上面堆滿多面體、鏡子、手電筒和來自超市賣場的新鮮農產品……

　　在其中一堂課，教授們「找到大捲大捲的紙，撕成至少有 6 英尺（180 公分）乘 20 英尺（600 公分）這麼大的紙條」，然後騎著輪胎沾有塗料的腳踏車壓過這些紙條。此舉創作出了幾何單車藝術的史詩般油畫，實物大小的謎題。就像年輕時的福爾摩斯一樣，學生的任務是要判斷腳踏車騎往哪個方向。

---

\* 譯注：英國數學家康威十一歲立志成為劍橋數學家，後於劍橋大學專研數學，並成為普林斯頓大學教授，2020 年 4 月因新冠肺炎病逝。

不過，三位教授出了一道難題，大概連莫里亞蒂都會大惑不解：

然而，某一組輪印把學生考倒了。為了製造出那組輪印，彼
得・道伊爾〔Peter Doyle，三位教授之一〕騎上紙張又往回
騎，但他騎的是單輪車。

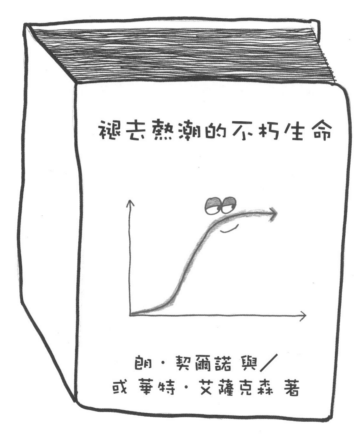

褪去熱潮的不朽生命

朗・契爾諾與／
或華特・艾薩克森 著

瞬間 VII.
即將問世的暢銷書。

# VII.
# 某股熱潮的未授權傳記

這是在講某個風靡一時的東西的故事。也許是呼拉圈、魔術方塊、電子雞，抑或改名叫 iPhone 而且還賣得很貴的電子雞——究竟是哪樣東西，就留給你去決定了。不過，它不一定非要是玩具不可！你可以挑語言上的改變、技術、社群網路，甚至越變越大的腫瘤或兔群。隨便什麼能吸引你，然後也吸引其他人的事物，就像流行一時的狂熱一樣。

為什麼？你震驚得來不及清喉嚨就問，為什麼會有一章這麼不分尺寸，讓讀者自己選擇故事的情節發展啊？

嗯，因為它真的是在講一條曲線的故事呀。這條曲線就是：

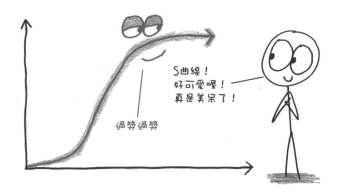

這個基本模式稱為**羅吉斯成長**（logistic growth），是現在最棒的數學模型之一，此外還是初等微積分的成就。而且就像所有的經典名著一樣，以三幕劇的結構開展。

首先是第一幕：加速。

一開始，我們的熱潮還未成為熱潮，只是個天馬行空的想法。某個

瘋子發誓，我要推銷一種石頭寵物，抑或是：我要為軍備武器編舞，這樣全世界就會大喊：「嘿！瑪卡蓮娜！」甚至是：我要用電腦做出一本臉書，因為我將成為世界破壞者祖克柏。

　　夢想這大嗎？也許吧。但在一開始，成長顯得緩慢。

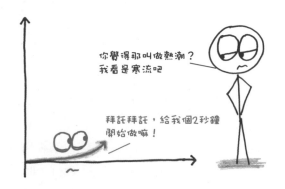

　　事情不像看起來那麼無望。在這些命運多舛的草創期，成長其實是（非常近似）**指數型的**（exponential）。

　　「指數型」一詞是少數滲透到日常用語的數學詞彙。（「內積」〔inner product〕和「二部圖」〔bipartite graph〕仍然乏人問津。）然而，如獨立樂團成名之後發生的情況，這會失去一些原本的韻味和特色。一般人把「指數型」當成「非常快」的同義詞來用，但它帶有更絕妙、更精確的專門含義：**當事物的增長與自身的大小成比例時。**

　　換句話說：物體越大，增長得越快。

　　在**線性**增長中，每段時間的增加量都相等。可能增加得很慢，譬如一棵每年生長一環的樹木；也可能增加得很快，就像《傑克與魔豆》故事裡每毫秒生長一環的突變樹木。速率不重要，重要的是一致性。如果增長率未曾改變，那就是線性的。

　　拿這個和每個月營收成長 8% 的新創公司對比一下好了。起初它是一點點營收的 8%──小額的小額。不過時間久了，公司日漸擴大，那個 8% 的成長涉及的數字也越來越大。九個月後，營收倍增，不到十年，這家公司已經從月入 1000 美元的毛毛蟲，蛻變成每月進帳 800 萬美元的巨型蝴蝶。再給它十年，就會是每個月賺 1 兆美元的醜陋怪物，占全球 GDP 的 15%。**這才是**指數型的增長。

　　你可以從兩個簡潔的方程式描繪出這種區別的本質：

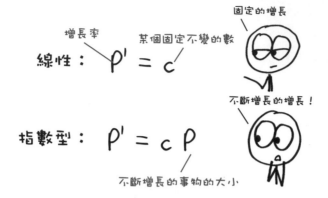

好了，這種指數型的蜜月期不會永遠持續下去，否則每一股熱潮都會把天地萬物吞噬掉。在現實世界裡，這種事情目前只發生過兩次，分別是豆豆娃絨毛玩具（Beanie Babies）和嘻哈超人舞（dabbing）。很快地，我們得進入第二幕：轉折。

和「指數型」一樣，「反曲點」（inflection point）這個用語已經從數學教科書往外流，進入一般語言了。我自己一向贊成數學術語像病毒般傳播，不過我必須指出，流行的用法（拿來指「增長突然爆增的那一刻」）會讓反曲點相當落後。

在羅吉斯成長中，反曲點並不是快速增長**開始**的時間，而是快速增長**達到最高點**，達到狂熱顛峰的時間——因而會展開一段漫長、緩慢的衰退。

或許你還記得，導數在告訴我們圖形的變化情形。如果導數是正的？它在遞增。負的呢？它在遞減。

　　**二階**導數告訴我們一階導數（即變化率本身）在如何變化。若二階導數是正的？那麼我們的增長就在加速。如果是負的呢？增長變慢了。

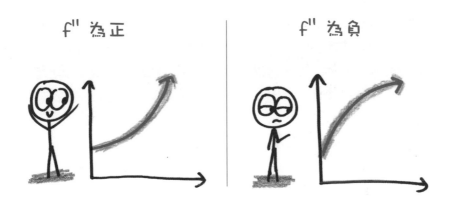

　　反曲點就是過渡的那一刻，二階導數改變正負號之時：從負變正，或（如羅吉斯成長的例子所示）由正轉負。像一列失速火車或一直播放的流行單曲那樣，不斷提升速度之後，加速終將停止，增長總算開始放慢了。

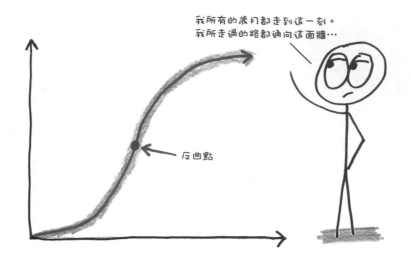

　　這是熱潮的生命當中的特殊時刻：和所有的高峰一樣，意氣風發，苦樂參半。就拿 Instagram 來說好了，那是有最多用戶加入的月分。該網路尚未享有**最廣泛**的使用，卻有了**最快速**的使用，傳播速度快過以往任何時候，日後再也不會比這更快了。根據這個圖形，隨後的軌跡是先前的鏡像：加速的每一刻現在都會按照對應的減速顛倒過來。

　　這也把我們帶到了第三幕：飽和。

　　在這裡，熱潮發展得比冷淡還大。父母弄懂了，祖父母輩也弄懂了，就連那些人稱數學老師、受流行文化排斥的人，都有可能像螃蟹一樣小碎步跟上潮流。早期使用者覺得他們的自豪轉為不屑。就像經常說出看似矛盾的雋語的洋基隊傳奇尤吉‧貝拉（Yogi Berra）的觀察：「現在那裡太擠了，再也沒有人會去。」

　　在指數型的模式中，增長與大小是成比例的。羅吉斯成長加了一個關鍵的小問題：增長除了與大小成比例，也和它**與某個最大規模的距離**成比例。

　　與最大值越接近，增長得越慢。

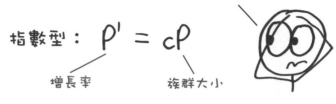

指數型：$P' = cP$

增長率　　　　　　族群大小

羅吉斯：$P' = cP(Max.-P)$

與最大值的距離

　　一座森林只能承受這麼多兔子，一個經濟體只能承受這麼多電動汽車，一隻人眼只能看這麼多次〈江南 Style〉。無論如何，每個體系擁有的資源都是有限的，臉書永遠不會成長到超越人口的規模，除非他們放寬對海豚和大猩猩用戶的不公正禁令。

　　為了舉例說明，我們來求助一下化學，以及**自催化反應**（autocatalytic reaction）這個領域。

　　化學研究各種反應，例如「爆炸」、「會冒氣泡的」，還有「哦，漂亮的顏色」。有時會有很特別的分子，像個好幫手一樣加快某個反應的速率，這些分子就叫做「催化劑」（或稱觸媒）。

　　有一些很特殊的反應，會生成該反應自身的催化劑，造成正向的反饋迴路：生成的催化劑越多，生成更多催化劑的速率就越快。反應越來越快，於是產生出氣泡並爆炸，或是這兩種結果只發生一種……但這樣的循環無法持久，當原先的輸入儲量減少到 0 時，我們只剩下一大堆催化劑，卻沒有需要催化的東西了，最後反應就變慢了。

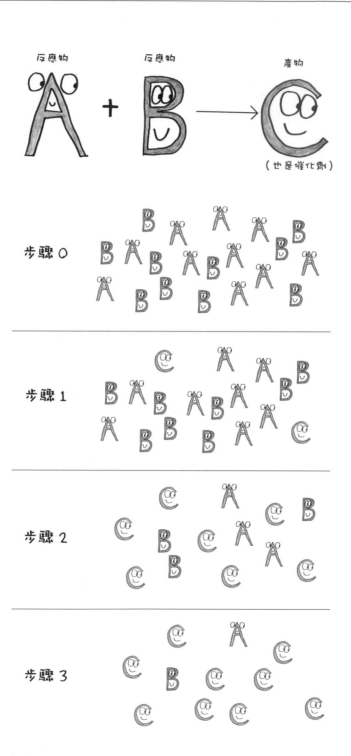

　　熱潮也遵循同樣的邏輯。某股狂熱吸收的人越多，**他們**就會吸收更多人，於是出現一個反饋迴路，引起指數增長——至少會持續一時半刻。不過，熱潮遲早會開始把它的目標用光，吸收者眾多，而待吸收的人都沒有了。催化劑過剩，卻沒剩下什麼要催化的東西。

　　如果你很喜歡招搖的化學術語，你大概會說，爆紅的熱潮就像是人類的自催化反應。

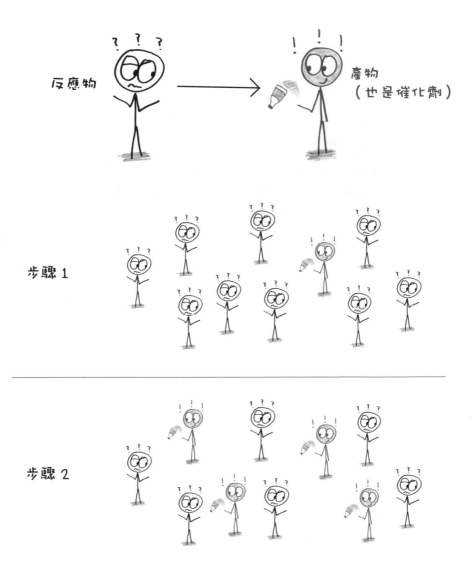

數學模型分為兩大陣營。**機械論模型**具體展現了原初的原理，猶如裝有按比例縮小的發動機的模型飛機。同時，**現象學模型**只求外表相似，好似看上去又酷又逼真、卻絕對不可能飛起來的模型飛機。

試飛本章的模型之前，你可能會問：它是哪一種模型？

矽谷應該會傾向回答「機械論式」。指定一個「爆紅係數」（代表每個熱潮追隨者新拉進來的人數），估計整個市場的規模，倉促拼湊成一份 PPT 簡報，然後轟的一聲，你就準備好招攬投資人了。

另一方面，不妨想想某位知名生物學家的真實故事，他決定透過羅吉斯成長模型，預測美國人口的未來。他評估 20 世紀初的資料，扳了扳自己的手指關節，然後做結論說，該國人口應該會在不到 2 億的時候穩定下來，噢，我們在大約 1.2 億人之前就超越這個數字了。

羅吉斯模型如果無法協助我們預測熱潮會在哪裡趨緩，還有什麼好處呢？它只是個民間故事，一個無法驗證的說法的圖像形式？

或許是吧。但別低估這件事。你我都是說故事的人，故事構成了我們的行動、念頭和外帶訂單。即使無法預測，羅吉斯成長的神話敘事仍然能豐富我們的思維，強調關鍵時刻，以及暗示的結果。

數學模型指向的現實世界太複雜，無法完整表達。稍微簡化一下是健康的人類反應──只要我們在玩玩具之前先讀過用小字印刷的細則。

瞬間 VIII.
拒絕被解開的難題。

# VIII.

# 風吹過後會留下什麼？

　　那是個明媚的 11 月天，我在麻薩諸塞州。風吹落葉，彷彿冬日取下了秋天的裝飾。我正托著一杯茶，向一位當英文老師的朋友布莉亞娜（Brianna）描述這本書——此時只有粗略的大綱和幾個寫到一半的段落。我解釋說，這是一趟微積分旅程，但沒有繁複的方程式，沒有難懂的運算，只有想法、概念——全用故事來說明。這些故事將穿越人類的經驗，從科學到詩歌，從哲學到奇幻文學，從精緻藝術到日常生活。既然我還沒寫，很容易說得天花亂墜。

　　布莉亞娜聽得很專注。照她自己描述，她「不是喜歡數學的人」，而根據我的形容，她是個充滿好奇心、思考認真、單刀直入的人。幾乎就是我希望吸引到的讀者。我們聊著聊著，她突然想到某件事，是個教數學的同事拋出的謎題。她隨手抓了一張紙，在上面畫個長方形。

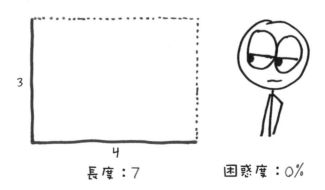

她問：「虛線部分有多長？」

我答：「7 公分。3 加 4。」

她說：「好，那這樣呢？」

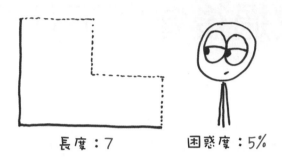

長度：7              困惑度：5%

我答：「還是 7。水平的兩段相加得 4，垂直的兩段相加得 3。分成多段不會改變總長度。」

她說：「對。那**現在**這樣的虛線部分有多長？」

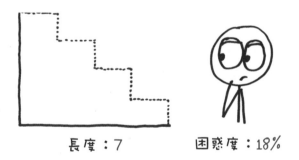

長度：7              困惑度：18%

我說：「仍然是 7，按照同樣的邏輯。」

她又畫一個圖。「現在呢？」

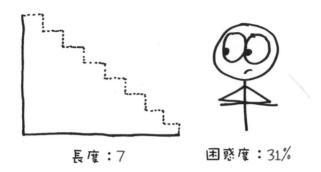

長度：7　　　困惑度：31%

「7呀……」

她說：「好，那如果我們在階梯上畫出**無窮多**階，畫成下面這樣的形狀呢？」

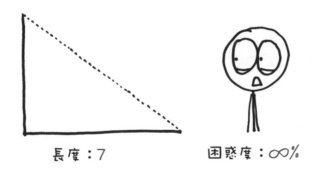

長度：7　　　困惑度：∞%

我皺起眉頭。這是畢氏定理，差不多每本書裡都會提到的最古老法則：$a^2 + b^2 = c^2$。在這裡，$a = 3$ 且 $b = 4$，就知道 $c = 5$。我這麼說。

「5。對，就是這樣。」布莉亞娜像放掉麥克風般丟下鉛筆。「那這到底是怎麼回事？」

和布莉亞娜一起待在客廳的人有這幾位：一、先生泰勒（Tyler），曾任微積分老師，現為資料科學創業家；二、我的太太塔琳（Taryn），數學研究員；三、我，寫過幾本談數學的書的傢伙。我們這些人受過的數學教育加起來超過四十年，頂著麻省理工學院、加州大學柏克萊分校、耶魯大學的學位。我們非常了解極限和收斂，逼近的幾何。我們懂得 7 不是 5。

　　但眼前這個難以理解的謎，讓我們呆住了。我感覺宇宙像是在鬧我——從我背後伸手拍我另一邊的肩膀，害我往錯的方向轉頭看。我幾乎可以聽見它偷笑，也可能只是風聲。

　　塔琳喃喃吐出了幾個神祕難解的字：「非均勻收斂嗎？」

　　泰勒語帶不具說服力的自信說：「那不是有效的極限。」

　　在我自己的腦袋裡，有幾種可能的反駁在推擠搶地盤，但沒有一個能提供半點啟發性或解釋。

　　我只說了：「呵。」

　　布莉亞娜提出的難題正打中微積分的要害，擊中稱為**極限**（limit）的根本哲學概念。極限是無限過程的最終目的地。你不一定要達到極限，而是趨近它，越來越靠近——靠近到比文字或想像力還要接近的程度。在這個例子裡，布莉亞娜是在取極限，一個真正鬼鬼祟祟的極限。它用某種弔詭的方式，同時指向兩個目的地。過程中的每一步，長度均為7，然後不知怎麼搞的，5就在永恆的盡頭冒出來了。

　　像這樣的弔詭，長久以來困擾著微積分。在萊布尼茲和牛頓最初發展出微積分二、三十年後，哲學家柏克萊斥責他們思考草率。牛頓聲稱，不是看消失**之前**的值（也就是在仍是有限的數時），也不是看消失**之後**的值（此時這些值為0），而是看消失**之際**的值。這到底是什麼意思呢？

　　柏克萊嘲笑說：「還有，這些……轉瞬即逝的增量又是什麼？既非有限的量，也非無限小的量，但也不是空無一物。我們可不可以稱呼它們消失量的鬼魂？」

　　布莉亞娜提出的弔詭，絕非唯一一個像這樣的弔詭。還有一個版本是從正三角形開始的。假設一個三角形的三邊等長，而紅色路徑是黑色路徑的2倍長。

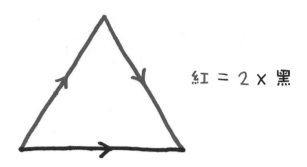

紅 ＝ ２ ✕ 黑

　　接下來，把兩條紅色邊分別折斷成兩半，於是我們的上下路徑就變成上下上下路徑了。

紅 ＝ ２ ✕ 黑

　　紅色路徑的長度沒變，我們只是重新安排了各個路段，因此仍是黑色路徑的 2 倍長。我們可以重複做這個步驟，折斷重排，折斷重排，在每個步驟中紅色的長度一直是黑色的 2 倍。

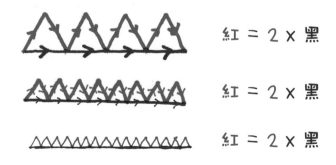

紅 ＝ ２ ✕ 黑

紅 ＝ ２ ✕ 黑

紅 ＝ ２ ✕ 黑

倘若反覆折斷無窮多次，最初的紅色帳篷就會塌掉，變成呈直線的塵土，無法和黑色路徑區分開來。但是……這難道不會讓路徑的長度變成 2 倍嗎？

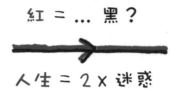

研究人員跌跌撞撞了好幾個世紀，才繪製出這個地帶的地圖。威廉・唐能（William Dunham）教授寫道：「閱讀那段時期東西的數學家，有點像是聽蕭邦在彈奏一架有幾個琴鍵走音的鋼琴：可以立刻聽出音樂天分，然而偶爾會有什麼地方聽起來不太真實。」

令人困惑的事實是，並非一切都熬得過極限過程——其明顯的單純性同樣令人困惑。

以 0.9, 0.99, 0.999, 0.9999... 這個數列為例，每一步都是分數，一個**非整數**。然而，在通往無限大的黃磚路上的某個地方，這個數列將收斂到 1。

意思是 1 並非整數嗎？我的天，當然不是！它只表示目的地看起來不必跟把你帶到那兒的路徑相像。木梯有可能通往鋪著地毯的平臺。

以下是我的太太在數學分析導論課堂上所舉的例子：一個穿越 $x$ 軸上平靜水面的三角波。

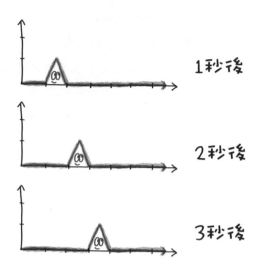

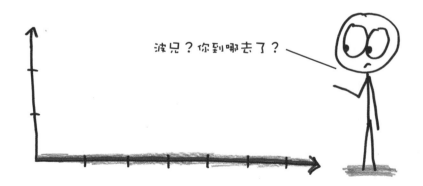

每個點在一段時間裡為 0，而在這個波短暫通過時不為 0，接著又回到 0，永永遠遠。因此，每一個點遲早會收斂到 0 的高度，意思就是整個場景的極限是一條水平線，即 $x$ 軸。

但那個三角波發生什麼事了？這個極限像中子彈一樣，讓它不復存在了嗎？

　　總歸一句話：對，極限可以做到這點。

　　你永遠不會真正「到達」一個極限。趨近它，當然沒問題，可以近到你聞得到，近到它會感覺疼痛，但就是到達不了。跳到極限是一種超脫現實之舉，就像邁入死亡的決定，從有時限的身體，轉變為永恆的魂魄。為什麼每個所有物都要熬過這一程？我們的身體有頭髮，有牙齒，難道就要期待一個靈魂都長滿毛髮、露出牙齒的來世嗎？

　　微積分的奇蹟，這整個學科的深不可測奧祕，就在於有很多東西**的確**撐過了那個死亡跳躍。導數與積分都是由極限來定義的，但並沒有在弔詭中陣亡。兩者都成功了。

　　像布莉亞娜所提的謎題這樣的難題，在 19 世紀時推動數學前進。整整一代的學者齊心協力，把微積分當中的弔詭一勞永逸清除掉，也就是把前輩們基於直覺和幾何的工作，轉變為鐵定而嚴謹的東西，成為一種有取有捨、重新概念化的計算法。

　　這就是極限過程的運作情形。有些事實如同秋天的落葉般消失，有些則像冬日的樹枝挺了下來。

瞬間 IX.
一顆微粒大展舞技。

# IX.

# 微塵之舞

　　時間：1827 年。我們的主角：一位頭髮花白、笑容滿面、名叫羅伯特・布朗（Robert Brown）的植物學家。他彎身用顯微鏡觀察載玻片上的野花花粉，在 Netflix 誕生前幾十年，這項活動算得上週末娛樂。在這片沾滿花粉的顯微鏡載玻片上，布朗注意到某種相當奇特的現象：

　　一場小型舞會。

　　花粉粒散播出的微細顆粒在他眼前來回擺動。它們抖動，搖擺，像爆米花或喝了咖啡的兔子，抑或參加友人婚禮的我一樣，跳來跳去。它們彷彿隨著暗中播送的〈放克名流〉（Uptown Funk）* 單曲扭動著。這種瘋狂的行為是什麼東西引起的？

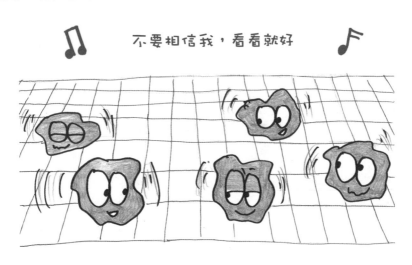

不要相信我，看看就好

---

\* 譯注：美國歌手火星人布魯諾（Bruno Mars）演唱的冠軍單曲，收錄於英國製作人馬克・朗森（Mark Ronson）錄製的第四張錄音室專輯《放克特區》（*Uptown Special*, 2015）。本頁插圖中的歌詞即出自〈放克名流〉一曲。

也許是花粉充滿活力的力量，植物雄性生殖細胞像精子一樣擺動？並不是。首先，即使這些液體在玻璃瓶裡密封了一整年，舞動也從未停止。（舞會的真實考驗。）再者，布朗在玻璃、花崗岩、煙、甚至從吉薩人面獅身像上採得的粉末的微粒當中，都發現了同樣的運動，這顯示那個時候歷史古蹟比較害怕觀光客大搖大擺地帶走免費樣本。

布朗不是第一個盯著這個現象看的人。二、三十年以前，有個名叫楊·英恩豪斯（Jan Ingenhousz）的科學家注意到煤灰在酒精上顫動，而在此之前將近兩千年，羅馬詩人盧克萊修（Lucretius）曾寫到一道光線裡的灰塵。這種舞蹈無所不在，而且年代久遠。

那麼，那究竟是什麼呢？

嗯，這世界是原子組成的，這些原子都在不斷推撞運動。沒有電子顯微鏡，我們就看不到原子，但**可以**看見受原子撞擊的比較大的顆粒，

如人面獅身像的粉末和野花的花粉。想像一下位於迪士尼艾波卡特主題樂園（Epcot）的那顆大球*，受到幾兆顆看不見的彈珠連續火力攻擊，你就明白了。

在任一瞬間，在偶然的機會下，來自其中一側的轟擊比來自另一側的轟擊稍微多些，就會讓顆粒往一個方向跳躍。下一個瞬間，模式改變了，導致顆粒跳往新的方向。

這會一直持續下去，一刻接著一刻，一瞬又一瞬。

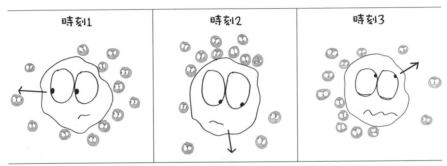

以此類推，直到永遠⋯

這種顆粒的舞動稱為「布朗運動」（Brownian motion），呈現出許多令人費解的特徵。它是**雜亂無章的**，顆粒沒有特別偏好哪個方向；它是**獨立的**，每個顆粒都在獨舞，和左鄰右舍沒有關係；而且是**不可預測的**，過去的運動無法對未來的運動給予任何暗示。不過，最奇怪的或許就是那些方向變動的本質。

在我們的數學模型中，那些變動是**不可微的**（nondifferentiable）†。

這個術語需要一點解釋，所以我們先假定你是一顆棒球。假設我以每秒 25 公尺的速率把你拋向空中，再假設你原諒我的這種侵犯行為，而且我們同時納悶：現在是什麼情況？你會不會刺穿大氣層，從此孤零

---

\* 譯注：EPCOT 是 Experimental Prototype Community of Tomorrow（未來社區的實驗原型）的縮寫，此主題樂園的象徵是入口處的大圓球「太空船地球號」（Spaceship Earth），可在這個球型機械遊樂設施中感受無重力狀態。

† 譯注：「可微分」的意思是導數存在，所以「不可微」就是指導數不存在。

零地在眾星之間漂泊？

　　我的紅色縫線朋友，別怕！你是地球公民，會受地球的引力控制。因此經過 1 秒後，你已經減速到每秒 15 公尺；1 秒鐘後，你減到每秒 5 公尺。接下來的半秒鐘，你還會繼續變慢，直到最後掉頭轉向，開始朝下加速。

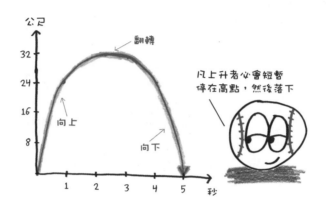

　　在這趟旅途的最高點，出現了一個獨特絕妙的瞬間，在那一刻你不再上行，但又還沒開始落下。在這短暫的停頓時間裡，你是靜止不動的，以每秒 0 公尺的速率「行進著」。

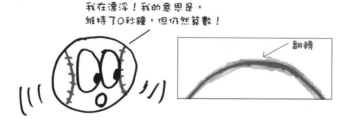

　　好了，那如果我們幫你配備火箭助推器呢？昔日只是牛皮製的球，現在你搖身變成牛皮製的噴射動力球了。你向上發射出去，然後向下射回來。這是不同**種類**的反向嗎？

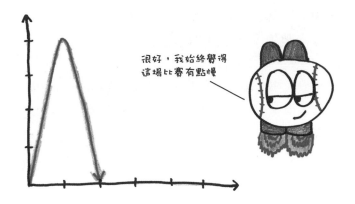

不算是。當然啦,先前花了整整 1 秒鐘做到的事,現在幾分之一秒就完成了,但基本模式沒變。你的向上運動放慢之後,開始向下運動之前,有一段瞬時速度為 0 的奇特反向瞬間。

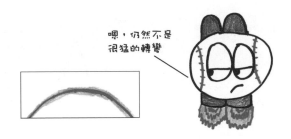

唯有發揮我們的數學想像力,才有辦法想像出其他的可能,比方說這個:

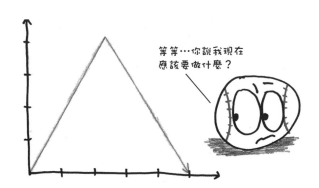

　　怪事出現了。你從「向上行進」直接轉為「向下行進」，沒有過渡階段可言：沒有暫停，沒有經過起點（Go），沒有第七局的伸展活動時間＊。

　　就算把它放大來看（這是我們給所有與微積分有關的事情的必選策略），也不會看得更清楚。無論多近看，或用多慢的速度播放影片，翻轉的那個瞬間都依舊是特立獨行的怪咖。兆分之一秒前，這顆棒球以每秒 10 公尺的速率向上飛；兆分之一秒後，以每秒 10 公尺的速率下墜，既沒減速，也沒加速——只是忽然朝反方向掉頭，突然且又莫名其妙，令人摸不著頭緒。

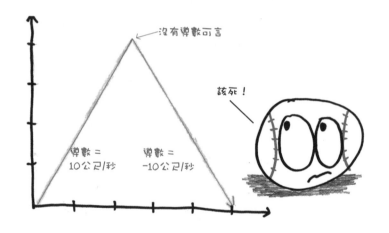

　　這顆棒球在那一瞬間的速率有多快？實際上，它的運動不受控制，使得速度的概念失去意義。在那一刻，棒球沒有速率；用微積分的術語來說，就是位置函數**不可微**。

　　現在讓我們突然彈跳一下，跳回布朗運動。這顆棒球永遠做不到的，進行布朗運動的微粒看來每天都在做，而且永無休止。

---

＊ 譯注：「經過 Go」是大富翁的遊戲規則；「第七局的伸展活動時間」是美國棒球賽讓觀眾起立唱歌、活動一下筋骨的傳統。

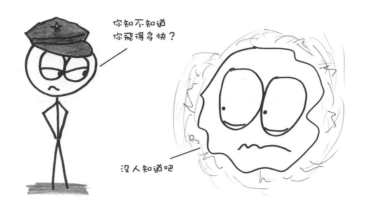

一個不可微的孤立點，一段本來平滑的路徑上的一個急轉，這已經夠慘了。但在布朗之後半個世紀，分析學家卡爾・魏爾斯特拉斯（Karl Weierstrass）建構出更嚇人的數學函數。他不以只有一個、兩個或二十個不可微的點而滿足；他造出了一個**處處**不可微的函數。

在魏爾斯特拉斯的「函數怪人」圖形上，每一個點都是尖角。

現在還在努力想像嗎？我和你一樣啊，朋友。我所能提供的，頂多是幾個近似值：通往魏爾斯特拉斯的凶惡豪豬外形函數的無限階梯的前面幾步。

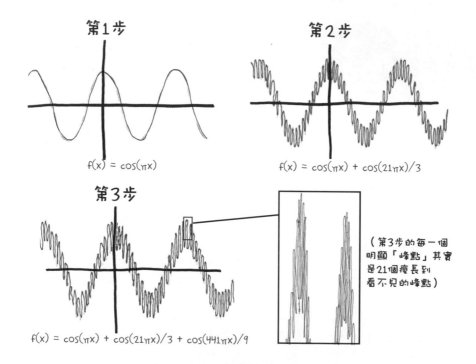

第1步

$f(x) = \cos(\pi x)$

第2步

$f(x) = \cos(\pi x) + \cos(21\pi x)/3$

第3步

$f(x) = \cos(\pi x) + \cos(21\pi x)/3 + \cos(441\pi x)/9$

（第3步的每一個明顯「峰點」其實是21個瘦長到看不見的峰點）

　　讓我們弄清楚這個恐怖東西的本質。它是一條連續不斷的曲線，中間沒有跳躍或空隙，不過它實在是一團糟又崎嶇不平，不管是徒手或用繪圖軟體都畫不出來。數學家唐能寫道，這個難以想像的怪物「有如微積分的可信賴基礎，釘下了封住幾何學直覺棺木的最後一根釘子」。

　　法國數學家埃米爾・皮卡（Émile Picard）對這個變化表示哀歎：「牛頓和萊布尼茲要是想過連續函數不一定有導數，微分學大概就不會發明出來了。」另外一位法國數學家夏爾・厄米特（Charles Hermite）說得更加嚴肅：「我驚恐萬分地轉過身，遠離這沒有導數的函數的可悲禍害。」

　　在微積分史上，魏爾斯特拉斯的尖臉妖怪是個猛不防的轉捩點，一個突然且決定性的轉向。

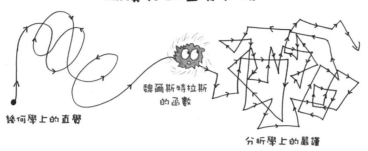

微積分的歷史軌跡

幾何學上的直覺

魏爾斯特拉斯
的函數

分析學上的嚴謹

　　在這種時候，數學看起來像是心思飄到雲裡去了，接著雲自己也飄走了。誰會在乎這些很難辦到的專業細節，這些無法想像的抽象概念？難道魏爾斯特拉斯只是在追尋哲學上的無聊想法，無視數學的首要指示是「有用」嗎？

　　罪名成立。魏爾斯特拉斯說：「某種程度上不是詩人的數學家，永遠不會是十全十美的數學家，確實是如此。」

　　然而，如果你習慣了急轉，也許就看得出它要往哪裡去。這種讓魏爾斯特拉斯的多刺寵物這麼嚇人又不真實的處處不可微分性，讓整整一代的數學家感到驚恐的特徵……嗯，正好也是我們的布朗運動模型的運作方式。

　　做布朗運動的粒子的運動路徑，顯現出的尖角不是只有少數幾個，它的一生都是尖角。宇宙微塵的亂舞之中，時時刻刻都會出現完全不可預測的新舞步。既然導數只是速率，那麼布朗運動就是某種沒有速率的運動，一種傳統微積分無法描述，只能說「哇」、「嘩」、「**真的假的？**」的嗡嗡作響。

　　我很喜歡布朗運動的古怪之處：軌跡無法徒手畫出來，運動速率也無從指定。這正是有關當局允許布朗從人面獅身像竊取石塊後逃走的原因嗎？或許他們覺得，他的研究就像人面獅身像和微積分一樣，是弔詭的遊戲和古老的謎語，既是不可能存在的事，也是真實不虛的事。

瞬間 X.
資料視覺化的危險。

# X.
# 一頭綠髮的女孩與
# 超級維度的渦旋

　　將來某個時候，當大家留著一頭珍珠粉點綴的綠髮上火星度假，會有一個婚姻美滿的妻子，名叫烏娜（Oona）。她的丈夫吉克（Jick）是「太陽系裡最好的男人」，雖然證實該說法的主要證據是「他從來不會忘記結婚紀念日」，所以對男性朋友來說這也許不是競爭最激烈的太陽系。更值得讚許／記下一筆的是，吉克經常替烏娜上數學課，努力「分享自己的興趣」。

　　他試圖利用蜜月旅行的寧靜時光（他們走了一趟平價的環遊世界平流層之旅），教她微積分。
　　他解釋了所有的事情，把一切東西從頭清清楚楚解釋到尾。他解釋了這麼多，她也聽得很迷糊。

　　身為一篇 1948 年短篇小說裡的虛構角色，烏娜並沒有機會接觸「mansplain」（男性說教）這個用詞。相反地，她接受了吉克的教課，認為自己很幸運：她心想，「唉呀，很多做老公的除了抱怨廚藝，從來不跟老婆講話。」
　　有一天，吉克帶著一份得意的禮物回到家：「史上最精密的自動計算機」，稱為「維齊數學」（Vizi-math）的設備。他解釋說：

　　把隨便什麼數學式子寫在紙上，送進這台機器，然後注意看那個維齊平面——機器裡面當然有個掃描器。你看到的，就是你

感興趣的數學式轉換成的視覺版本。

不像吉克送烏娜的其他禮物，維齊數學真的有用。而且就一部高科技夢幻機器而言，它提供協助的方式相當單純：顯示出乘法運算都與長方形有關。

以 5×4 = 20 這個等式為例，最好的理解方式是把它想成一個 5 乘 4 的長方形：

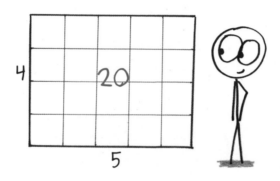

與非整數相乘的情形也行得通，例如 6×2.5。你會得到 12 個完整的正方形，加上 6 個半個正方形，總共是 15 個。

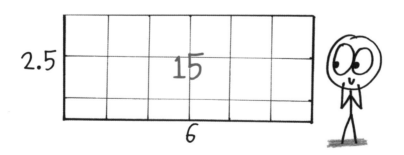

這甚至也解釋了「平方」這種運算的名稱由來：因為把某個數自乘會產生一個正方形。

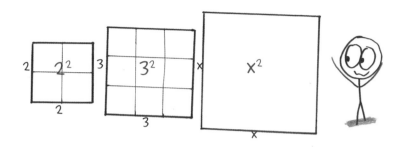

　　數學家本華・曼德博（Benoit Mandelbrot）說：「在沒有圖形的情況下學習數學是很糟糕的，是一種荒謬的計畫。」但不知怎麼搞的，像我這樣的老師往往無法貫徹到底。在我們所居住的這個新潮 21 世紀世界，儘管有 Wolfram|Alpha 和 Desmos 這樣的工具使「維齊數學」相形見絀 *，我們這一行依舊和吉克過於相像。

　　就拿隨便一門微積分課程都會教的第一組規則來說吧：$x^2$ 的導數是 $2x$。我必須承認，在教這件事實的時候，我總是帶領學生順著代數的途徑走：

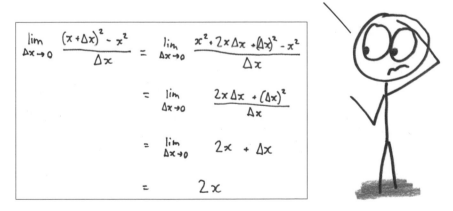

---

＊　譯注：Wolfram|Alpha 是 Wolfram Research 公司於 2009 年推出的線上自動問答系統，直接提供答案給使用者，而非如傳統搜尋引擎提供一系列可能含有所需答案的相關網頁；Desmos 是功能強大的快速線上繪圖計算器。

為什麼我在這方面要這麼像吉克？是因為標準化的教學方式勢必導致死記硬背？還是因為我們這些老師**不懂**好的視覺呈現，本身就是這個體制下的產物？抑或受了布爾巴基（Bourbaki）揮之不去的影響？「布爾巴基」是一群活躍於 20 世紀的激進數學家，他們喊出的口號「三角形去死！」在警告視覺上的直觀會讓人產生錯誤觀念，抽象的符號體系是唯一的立足點。

無論原因為何，「維齊數學」終歸是可供選擇的辦法。我們從一個 $x$ 乘 $x$ 的正方形開始：

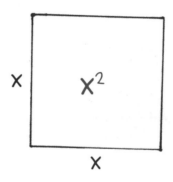

你可能還記得，「導數」是一種瞬時變化率。關鍵的問題是：「如果我們讓 $x$ 改變一點點，$x^2$ 會改變多少？」

那麼我們就繼續做，把 $x$ 擴大一點點，稱為 $dx$：

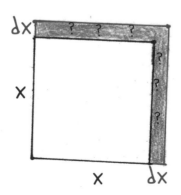

$x^2$ 當中的增長包含了三塊區域：兩塊細長的長方形（均為 $x$ 乘 $dx$）及角落裡的一個小小正方形（$dx$ 乘 $dx$）。

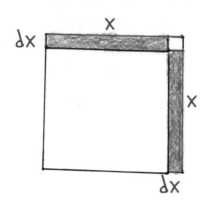

我們在此暫停片刻，好好想一想「很小」的本質是什麼。假設 $x$ 為 1，$dx$ 為 $\frac{1}{100}$；很小對吧？那當然，不過 $(dx)^2$ 是它的一百分之一，比它更小：只有 $\frac{1}{10,000}$。這是很小的很小，讓原本的很小顯得很大。

再來，如果 $dx$ 更小，比方說 $\frac{1}{1,000,000}$ 呢？那麼 $(dx)^2$ 會小到只有它的百萬分之一，等於 $\frac{1}{1,000,000,000,000}$。到了全新的微小層次。

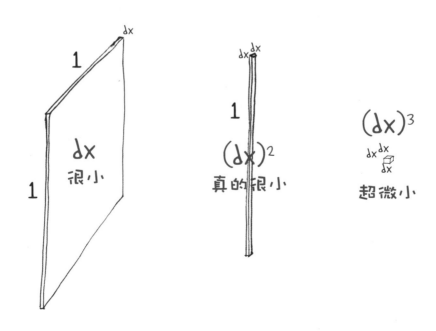

$dx$ 究竟是什麼？這麼說吧，它無窮小，比任何一個已知的數還要小。（無限大符號的發明人沃利斯把無窮小寫作 $\frac{1}{\infty}$，不過這種記法可能會使你的老師很生氣。），因此，$(dx)^2$ 不光是百分之一或百萬分之一那麼小，而且是**無限**小，是無窮小的無窮小。說它是 0 也無妨。

那麼 $x^2$ 增加了多少？把可忽略的 $(dx)^2$ 忽略之後，它增加了兩個長方形，一個代表寬度，一個代表高度。

由此可知，導數為 $2x$。

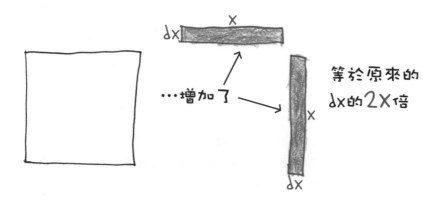

回到未來的客廳，烏娜覺得這個論證非常有趣。

所以這就是他們在說平方某個數時的含義。不僅僅是和自己相乘，或吉克講過的任何東西，而且是把它變成一個實實在在的正方形⋯⋯這麼一來，數學就不只是一大堆數字、字母和愚蠢。它有某種意義，而一個數學式子就像有話要說的一句話。

受到激勵的烏娜，立刻投入「維齊數學」的下一個示範。就像任何一個修微積分的學生（打過哈欠或一陣啜泣後）都能證實的，$x^3$ 的導數是 $3x^2$。烏娜的疑問是**為什麼**？這也是我自己和我的學生，還有曾聽過出於好意的老師所講的囉唆代數的人的疑問。

「維齊數學」了解這種感覺。正如 $x^2$ 會給我們一個正方形，$x^3$ 產生的是正方體：

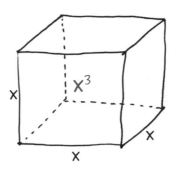

同樣地，讓 $x$ 增加一點增量 $dx$，然後觀察到：正方體的每一側也增加了。

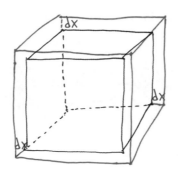

這產生很多新的區塊。首先，有三片扁平的正方塊，厚度無窮小：

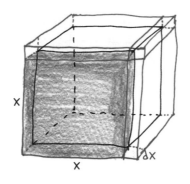

再來，有三塊細長的長方棒，高度和寬度**都**無窮小：

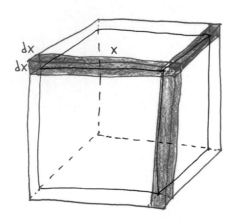

然後在角落裡，有一個超級小的正方體，它的長度、寬度和高度**全都**無窮小：

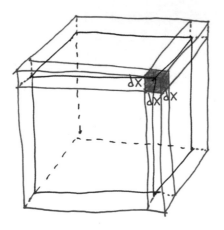

後面四個物件（像樹枝的棍棒和討喜的正方體），都比小還小，比微小更微小，比起片狀的正方塊區域幾乎不算什麼。於是導數就是：把正方體的邊加大時，正方體會增加三片正方塊，每個維度各一塊。

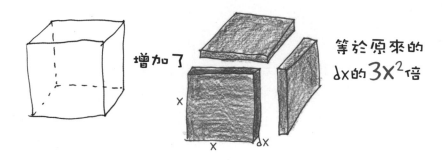

看著「維齊數學」呈現出這個圖形，烏娜沉浸其中：

知道了自己還是能夠理解一些數學，她的血管裡油然生出某種
歡欣若狂的情緒。
不用再看吉克失望傷心的表情，不用再聽他一直說，一直說，
一直說，儘管她想要知道他到底在講什麼。從現在起，她會把
自己的疑難問題交給維齊數學。

　　上面這些都是〈阿列夫下標 1〉（Aleph Sub One）故事中的情節，作
者瑪格麗特‧聖克萊兒（Margaret St. Clair）是可與艾西莫夫（Asimov）、
布萊伯利（Bradbury）、克拉克（Clarke）相提並論但已被遺忘的科幻
小說家，她的作品結合了科技樂觀主義和社會悲觀主義。烏娜的故事彷
彿一個時間表，科技設備越來越好，人卻永遠沒變。聖克萊兒曾解釋
說：「我想寫未來的普通人，周圍都是超級科學小裝置，但我很確定這
些人對機械裝置的了解，都不如當今的駕駛員對熱力學定律的了解。」
　　從這方面來說，〈阿列夫下標 1〉很出眾。「維齊數學」不像打掃
或烹飪器具，讓烏娜具備某種真正重要的東西：理解。她現在可以看穿
不透明的公式，探知底層的意義。她可以在吉克冗長、曖昧不明的講課
尾聲看見光芒。
　　這真是相當獨到的眼光：透過幾何視覺化的女性主義解放運動。
　　數學家艾提亞曾說：「幾何與代數之間的爭鬥，就像兩性間的爭
鬥，是永無休止的……數學一分為二，代數是透過形式操作來做的方
式，幾何則是概念思考的方式，兩者是數學的主要組成部分。問題在於

適當的平衡是什麼。」

烏娜也許會問：平衡？為什麼我們需要亂糟糟的代數符號？

因為幾何也有極限。$x^2$ 和 $x^3$ 的導數還算容易想像，但到了 $x^4$，就必須畫出四維的超立方體（tesseract）。祝你好運啦。烏娜在「維齊數學」上試了一下，效果很不好：她看到「一個跟正方體很像的東西，看上去像一串正方體，某種讓她的眼睛刺痛的東西」。轉眼間它就消失了，出現的時間「短到烏娜無法確定她是不是真的看到了」。

就在這時，烏娜做了個影響重大的決定，她要把自己所能想到最扭曲、最複雜的式子送進「維齊數學」。

她冷靜地寫了將近五分鐘，用大量的 $dx$、$n$ 次方和許多 $e$ 點綴她的作品……在她的方程式下方，她用圓弧形、孩子氣的字跡寫下 $n =$ 五。

機器劈劈啪啪響了幾聲，結果一片空白，烏娜聳了聳肩，離開辦事去了。她回來時，看到了一棟被「帶著反常紅色的模糊東西」吞沒的房子，「那團東西緩慢旋轉，形狀像流出水槽的水流呈現的漩渦狀」。為了顯示她的怪異方程式，這部機器創造出一個毀滅空間的渦旋。

在我看來這是真的：胡搞瞎搞的數學符號似乎真的有辦法摧毀現實世界。

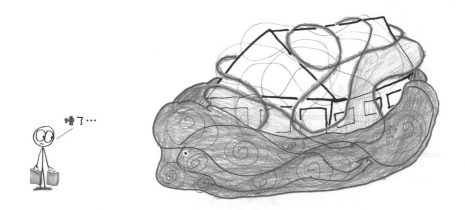

最後，烏娜手寫了一張字條塞進渦旋中，設法挽回局面：「我犯了一個錯，真對不起。*n* 不等於五，零（0）才是 *n* 要等於的數。」渦旋收到她的字條，「片刻之間，宇宙彷彿在深淵的邊緣搖擺不定。接著它像是聳了聳肩，決定就此安身」。

也許不是所有的導數都該用圖像呈現出來。

瞬間 XI.
一件大有可能發生的小事。

# XI.
# 城鎮邊緣的公主

　　從前從前，大概是二十九或三十個世紀以前，住著一位名叫艾麗莎（Elissa）的公主。根據留存下來的文字記載，她的兄長皮馬龍（Pygmalion）「真是個好傢伙」。這是在說他為了黃金謀害艾麗莎的丈夫的禮貌說法。

　　憑著機智、詭計，毫無疑問還有一些新發展出來的信任問題，艾麗莎橫跨地中海，逃到非洲海岸。她帶著許多擁護者抵達此地，但沒什麼可供交易的物品。過去是個騙子的她，為「一張牛皮盡可能覆蓋的最大塊土地」討價還價。

　　聽起來不大，不過艾麗莎是個詭計多端的女人。就如某個消息人士所寫的：「她令人把這張牛皮切成許多細條，切得越細越好」，然後用一種非常變通的方式把合約內容中的「盡可能覆蓋」，重新解釋成「盡可能包圍」。

　　於是，古代最著名的極大化問題準備就緒了。用一些牛皮長條，可以圍出多大的土地呢？

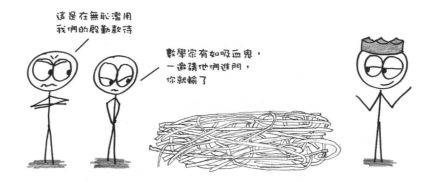

這個難題如今稱為一種**等周問題**（isoperimetric problem）：英文字首「iso-」是「相等」的意思，而 **perimeter** 這個字意指「鬼鬼祟祟的女人」。語源學上巧合的是，**perimeter** 也有「一塊區域的周邊長度」的意思。

這個問題要問的是，在你能圍出的所有形狀中，哪種形狀所圍的面積最大？

我不知道艾麗莎使用什麼單位，也許不是公尺，除非她是很早期的採用者。所以，我們就假設她的牛皮長條總共有 60「牛尺」這麼長（1 牛尺定義成「艾麗莎持有的總長度的 1/60」）。

現在，幾何學宇宙為艾麗莎的城鎮提供了無止境的選項：

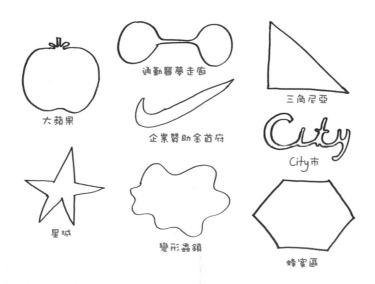

為了避免種類多到應接不暇（或被面積計算過程搞得喘不過氣），我們就考慮最單純的形狀類別：長方形。

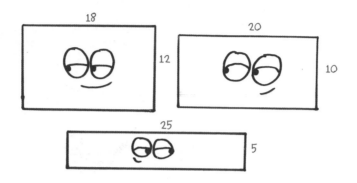

由於牛皮有限，艾麗莎面臨取捨。底邊若延長，高就要縮短，反之亦然。一個從 17 增加到 18，另一個就會從 13 減為 12。

我們可以換一種方法來描述面積：不說「底 × 高」，改稱「底 ×（30-底）」。

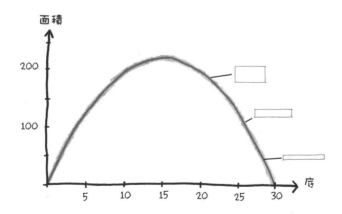

在上面的圖形中，每個點都表示一種長方形，艾麗莎的初生帝國。在最左邊，我們會發現愚蠢的計畫，例如 1×29，而最右邊是前者的鏡像，如 29×1。這些提案各會產生少到區區 29 平方單位的面積，狹小到讓波士頓顯得無邊無際。

為什麼會有這麼弱的結果？只要想想導數就行了。$\frac{d\text{面積}}{d\text{底}}$ 告訴我們，面積對於底的變化產生的反應。

同時，$\frac{d\text{面積}}{d\text{高}}$ 則告訴我們面積對於高的變化產生的反應。

把底延長，面積幾乎紋絲不動；把高增大，面積會暴漲。用微分學的術語來說，$\frac{d\text{面積}}{d\text{底}}$ 很小，而 $\frac{d\text{面積}}{d\text{高}}$ 極大。這就是任何像這樣底拉長、身高卻矮小的細麵狀長方形的缺點。就設計而言，它幾乎把所有的寶貴牛皮耗費在小氣的導數上，而慷慨的導數幾乎沒分配到。

有比較聰明的方案嗎？耗費到導數相等為止。這會發生在邊長本身相等時，也就是 15 乘 15 的正方形——如圖形所示。

最佳放鬆：名詞。
當所有的導數都相等時所出現的冷靜狀態。

我們解決了艾麗莎的問題嗎？現在是剪綵並開始爭停車位的時候了嗎？沒那麼快；公主還留有另一招。如果不是在空曠的平原上把她的牛皮鋪開來，而是臨著地中海岸圍起一塊地呢？這麼一來，她只需把牛皮分配到三邊，而不是四邊。

　　先前艾麗莎可以圍出 15 乘 15 的正方形，現在她能夠圈起 20 乘 20 的區域。因此，她圍起的面積從 225 激增到 400，一夕之間在郊區生出了一座城市。現在我們想必可以選出市長，終於可以開始投訴工地噪音了吧？

　　嗯，只是檢查一下，把導數拿回來看看。這是 $\frac{d\,面積}{d\,高}$ 告訴我們的：高多出 1 分，面積就會多出 10 分。

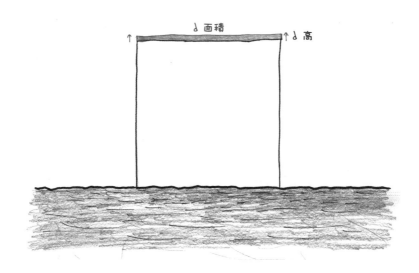

還不賴。那它大概與 $\frac{d\,面積}{d\,底}$ 一樣嗎?

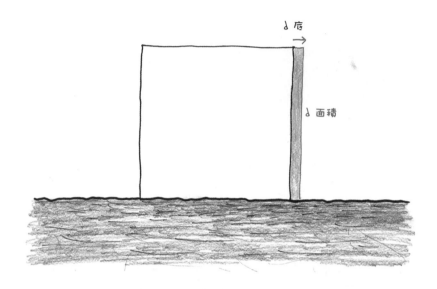

我的天!底多出 1 分,面積居然多出 **20** 分!這兩個導數不相等!

　　經過檢查之後,這是有道理的。在這裡,高的一點點增量都牽涉到兩道圍牆,而底的些微增量只牽涉到一道,因此底「便宜」了 2 倍。圈起一塊正方形的地會造成資源不當分配;我們要另外尋求一種讓兩個導數相等的形狀。

　　該秀出另一個圖了:

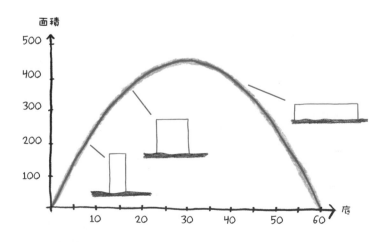

　　結果發現極大值是 15×30 的長方形，它的面積為 450 平方單位。

　　不管按照哪種標準來衡量，都是一種勝利。艾麗莎已經把她的擁擠牛皮曼哈頓島，轉變成不斷擴張的牛皮休士頓。但是！——利用某種稱為**變分法**（calculus of variations）的東西，把整個曲線族考慮進去，艾麗莎還可以從不知情的交涉夥伴手中，再多榨取一點面積。這也為我們帶來真正的最佳解：直徑緊臨海岸線的半圓。

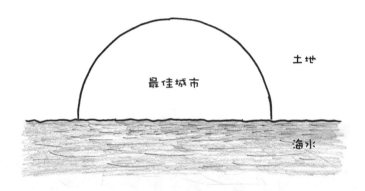

　　它的大致面積：573 平方單位。對於只花一天求解最佳化問題來說還不錯。

　　羅馬歷史學家告訴我們，這一切都發生在西元前 9 世紀晚期。隨後幾年間，那塊半圓形的土地會發展成一座繁榮富強的港口城市，叫做迦太基（Carthage）。它會成為一個超級大國，直到羅馬崛起，發動三次戰爭挑戰它的霸權地位為止。羅馬政治家老加圖（Cato the Elder）多年來都會用「迦太基必須毀滅」這句話為他的每一次演說作結，這想必讓一座新公園的落成典禮或類似的場合變得有點尷尬。

　　在維吉爾（Virgil）的史詩《埃涅阿斯紀》（*The Aeneid*）中，艾麗莎是有名無實的埃涅阿斯（Aeneas）的情人，埃涅阿斯是羅馬的建城者。維吉爾稱她狄多（Dido）。用這個名字，她加入了西方文學作品全集的主要卡司陣容：被莎士比亞提到十一次，十四部歌劇的題材，還在電腦遊戲《文明帝國》（*Civilization*）裡客串。正如埃涅阿斯對她說的：「妳的榮耀，妳的名字，妳的頌讚，將永遠流傳。」

　　艾麗莎用牛皮當周長的城市，如今是突尼斯的一塊沿海郊區。

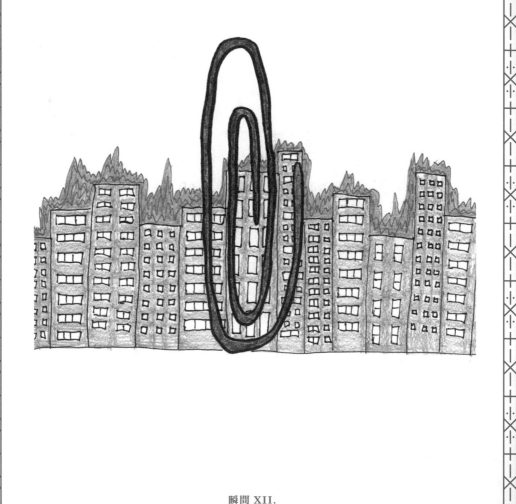

瞬間 XII.

末日決戰的器具。

# XII.

# 迴紋針荒地

　　請先做好心理準備：我在這一章的結尾打算放一長串振奮人心的必做習題。你所購買的廣受好評海灘讀物就是這樣。除非（我只是隨口提議）——你想拿那個回家功課去換一本反烏托邦的漫畫書？

　　真的要嗎？好吧，隨便你。

　　妥協一下，我們會用我的方式開始進入本章：用一個經典的最佳化問題開始，自有教科書以來的每一本微積分教科書上，都找得到這個問題。它是這麼問的：「有兩個正數，相乘得 100。請問兩數之和的最小值是多少？」

　　首先我們可以試幾組適當的數，看看它們的相加結果。

| 兩數 | 總和 | 它很小嗎？ |
|:---:|:---:|:---:|
| 100×1 | 101 | 並沒有 |
| 50×2 | 52 | 算是 |
| 25×4 | 29 | 哦，又更小了… |

如果第一個數是 $A$，那麼第二個數永遠是 100 除以它（即 $\frac{100}{A}$）。結果會產生這個圖形：

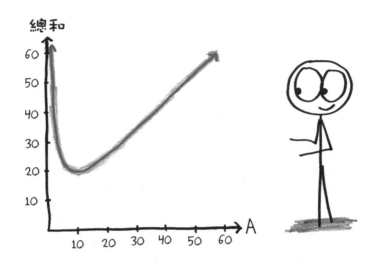

最小值落在導數 $\frac{d\,總和}{dA}$ 正好等於 0 的位置，剛好發生在 $A = 10$ 的地方。這表示第二個數也是 10，所以總和的最小值為 20。請倒不含酒精的氣泡蘋果汁——問題解決了！

這道題目有如郊區的草坪般宜人又工整。先探討各種可能，再作取捨，最後得出一個答案，取得平衡與效率的勝利。你可以看出，為什麼勵志書作者和科技公司會這麼想幫我們「讓自己的生活盡善盡美」。最佳化就是讓事情變得更好，這麼說一點也不誇張。除了《星艦迷航記：重返地球》（*Star Trek: Voyager*）的辯護者，誰會捨上等品而求劣等？

嗯，那只是最佳化的一種版本。荒野就潛藏在附近。試試這個簡單又令人抓狂的相反問題：這次不要讓總和**最小**，而是力求**最大值**。

現在我們試幾組數字，看看會發生什麼事：

| 兩數 | 總和 | 它很大嗎？ |
|---|---|---|
| 100×1 | 101 | 對！ |
| 1000×0.1 | 1000.1 | 又更大了！ |
| 1,000,000×0.0001 | 大於 1,000,000 | 哇，我們太優了！ |

　　選到恰當的數字對，總和就可以不斷變大，變得難以控制，朝無限大逐步上升，就像政客的承諾或學步期幼兒的哭鬧。如同選民或父母會認清的，我們已進入了最佳化的噩夢，這裡沒有最大，只有無盡無休的攀升。

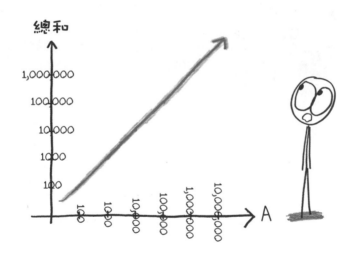

　　哲學家尼克・伯斯特隆姆（Nick Bostrom）在 2003 年寫了一篇文章，論述超級聰明的人工智慧在倫理方面可能帶來的後果。他在文章中簡短說明，即使是一心一意追求的有益目標，還是有可能招致肆意破壞，就像攀往無限大的圖形。這種猶如恐怖電影般的假設，從此便收進詞典和公眾的想像力中。

　　現在有請……迴紋針最大化器。

# 大眼迴紋針的復仇
## 或：最佳化的危險

這是一項極重大的突破：
超人類人工智慧

為了無聊的炫耀，我們把它的介面
做得很像大眼迴紋針（Clippy），
也就是在舊版微軟Word會跳出來
給煩人建議的那個迴紋針小幫手

（只是開個玩笑…）

接下來，為了測試，
我們分派了一個簡單
的任務：

讓你所擁有的
迴紋針最大化

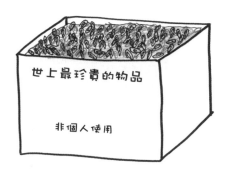

世上最珍貴的物品

非個人使用

首先，大眼迴紋針搜查了辦公室檔案櫃。接著，它買下本地商店的全部庫存

由於需要籌措資金，它開始進行線上股票交易

MSFT $105.90
ODP   $3.03
X        $27.60

事實證明，超級聰明的AI非常擅長選股

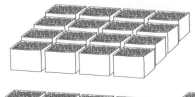

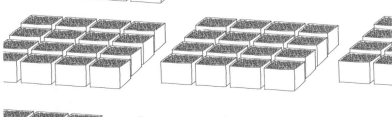

但它還沒達到目標，因此它為自己重新編寫程式，讓自己變得更聰明、更快：一個更好的迴紋針最大化器，可以自行最佳化的最佳化器

它的資產飆漲到數十億。由於製造商無法滿足它的需求，它興建了自己的工廠，雇用自己的員工

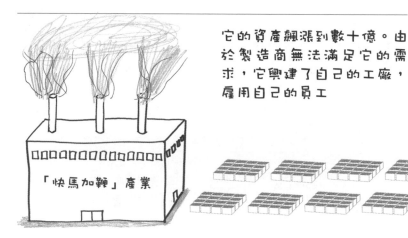

「快馬加鞭」產業

我們設法插手，它輕輕鬆鬆把我們甩到一旁

看樣子你們想預先阻止我發怒

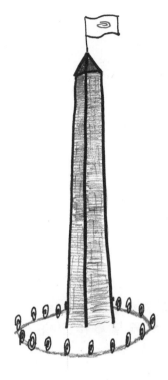

它買下整個產業，去國會遊說，逃避反托拉斯法規。沒過多久，整個經濟體只得屈從

大家抗拒時，它集結無人機部隊。私人財產不再是合法，一切都成了迴紋針

地球的資源差不多快要耗盡，於是大眼迴紋針開始從小行星採集金屬。我們當中只有少數存活下來。我們一定不會妨礙它

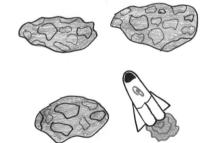

我知道大眼迴紋針很快就會殖民這個星系。如果
地球以外還有其他生命存在，我只希望事後證明
他們是比我們更謹慎的最佳化器

　　如同伊索寓言中的〈烏龜與科技奇點〉*，寓意明白無誤：**不要創
造出不關心你死活又抵擋不住的代理人**。哲學家艾里耶澤・尤考斯基
（Eliezer Yudkowsky）說：「AI 既不恨你，也不愛你，但它可以把構成
你的原子移作他用。」

　　這種威脅有多緊急？火車再幾秒就要出軌了？抑或它仍是城市規劃
者筆電裡的草圖而已？數學家漢娜・弗萊（Hannah Fry）傾向後者。她
在其著作《打開演算法黑箱》（*Hello World: Being Human in the Age of
Algorithms*）中寫道：「把它當成計算統計學的革命而非智能的革命，
來思考我們經歷了哪些事，大概會比較有用吧。……坦白說，我們距離

---

\* 譯注：作者虛構的寓言，「科技奇點」（technological singularity）理論認為人類正接近
　　現有科技將被完全拋棄或顛覆的事件點（奇點），未來學家庫茲維爾（Ray Kurzweil）
　　預測奇點將在 2045 年到來。

創造出刺蝟級智慧還有好長一段路。截至目前，甚至還沒人有辦法超越蠕蟲級。」

（其他人的觀點比較不樂觀。尤考斯基寫道：「關鍵技術發展看起來還需要幾十年，但經常在五年後就出現了。」）

值得一問的是：為什麼你我的表現不像迴紋針最大化器？我遇過志向可疑或更糟的人，我們有可能在道德上盲目，自私貪婪，偶爾還做得出殺人的勾當——譬如卡在龜速結帳隊伍裡的時候。如果迴紋針最大化器為了某個愚蠢的目標毀滅了世界，而你和我的人生目標可能不夠良善，那為什麼我們沒有毀滅世界？

其中一個答案當然是，我們的權力還不夠強大。但還有一個答案也許更令人安慰，就是我們不夠專一。你的目標太多了，我也是。

你可曾感受與幼兒擊掌的興高采烈？五彩夕陽的超然平靜？完美奶昔的甜蜜感覺？你可曾感受有意義工作的神馳狀態，意外轉推（retweet）帶來的自豪，一隻豹紋守宮的溫暖陪伴？如果感受過，你就知道「幸福」不是單一的存在體。沒有一個可供人類最佳化的變數。正如詩人惠特曼（Walt Whitman）所寫的：

> 我自相矛盾嗎？
> 好吧，那我就自相矛盾吧，
> （我即廣博，我包羅眾有。）

只要看看我們的大腦並沒有遵循單獨的統一設計，你就能看出這點。大腦是溼軟的粉紅色妥協物，在長久的演化歷程中由備用零件製造而成，就像沒有一個軟體工程師能了解其中配置的龐大電腦程式。那正是生命為何會如此豐富，如此不可思議。

數學可以教我們**怎麼做**最佳化，但該把**什麼東西**最佳化——這依然是人類自己的問題。我建議不要選迴紋針。

唐納・倫斯斐
白宮幕僚長

迪克・錢尼
他的助理

亞瑟・拉弗
經濟學家

葛麗絲―瑪莉・
阿奈特
白宮副新聞秘書

裘德・瓦尼斯基
《華爾街日報》主編

瞬間 XIII.
名人開會發問：「等等，你說什麼？」

# XIII.
# 曲線的回眸一笑

1974 年秋天，時局動盪，某天晚上在華府一家高檔飯店的餐廳裡，五位靈魂人物齊聚享用牛排大餐和微積分甜點。共計有三位政府官員：唐納・倫斯斐（Donald Rumsfeld）、迪克・錢尼（Dick Cheney）和葛麗絲－瑪莉・阿奈特（Grace-Marie Arnett）；一位《華爾街日報》主編：裘德・瓦尼斯基（Jude Wanniski）；一位芝加哥大學經濟學家：亞瑟・拉弗（Arthur Laffer），他的大名很快就會印在經濟史的布餐巾上。

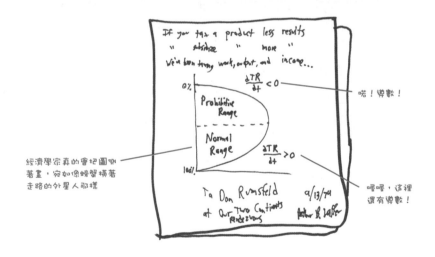

繼任不久的福特政府面臨預算赤字，總統提出了一個常識性的保守解決方案：加稅。這可能不會讓選民感到高興，不過，嘿，數字就是這樣運作的，缺少財源了，就去找更多財源。除非你問到的人是拉弗；他認為政府可以不靠加稅，而是透過減稅來填補金庫。我賺到更多錢，你賺到更多錢，政府賺到更多錢；喂，看看你的椅子底下——**每個人都賺**

到更多錢！

　　為了進一步說明，拉弗抓了餐巾，在上面隨手畫了一個即將改變世界的導數。

　　先想像一個所得稅率 0% 的世界。在這個世界裡，政府一點錢也收不到，所以福特的赤字問題會變得更嚴重。

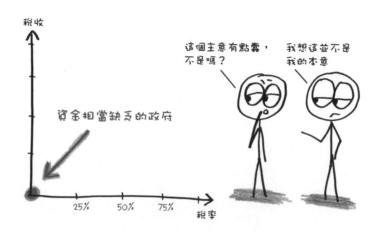

　　相反的極端情形，即稅率 100%，處境好不了多少。既然國稅局拿走你賺的每一分錢，幹麼還要賺錢？你反而有可能拿自己的勞力換取別的東西，或偷偷工作，或是在城市廣場上演奏批判嚴厲的反政府民謠。政府想抓住整塊經濟大餅，結果反而把它給壓碎了。

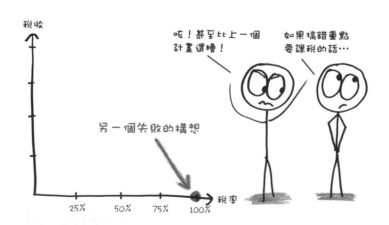

　　現在要把微積分帶進來了。政府稅收（稱為 $G$）對稅率（稱為 $T$）的變化有什麼反應？

　　有些時候，$\frac{dG}{dT}$ 是正的，因此加稅會增加稅收，例如從 0% 調升到 1%。其他時候，$\frac{dG}{dT}$ 是負的，所以加稅會減少稅收，例如從 99% 調升到 100%。

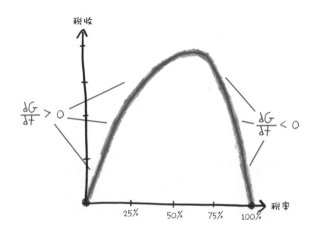

　　假設沒有突然的跳躍或翻轉，我們就可以應用一點著名的微積分：洛爾定理（Rolle's theorem）。這個定理是說，在 0% 到 100% 之間會有個特殊的點，某個讓稅收達到最大值的神奇稅率，在這裡 $\frac{dG}{dT}$ 會等於 0，而政府想從這個經濟制度中榨取多少就能榨取多少。

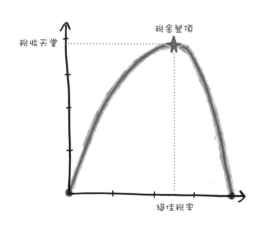

這個點到底在哪裡？不確定。洛爾定理是數學家所謂的「存在定理」：它只確立某個東西存在，但沒說明在何處找得到或怎麼找。

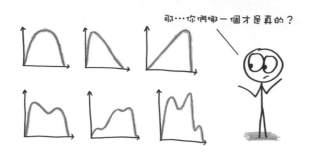

不要緊。拉弗不是在辯稱我們該找出那個最大值，他的重點只是，你**絕對**不會想跑到它的右半邊，在這一邊，減稅會讓每個人的經濟狀況變寬裕。唯有龐德電影裡製造經濟危機的反派或不會算術的傻子才會表示反對。

拉弗舉了甘迺迪總統把最高邊際稅率從 91% 降到 70% 的例子，成效異常不對稱。儘管政府每 1 美元的份額降了不到四分之一（從 0.91 美元降到 0.70 美元），勞工的份額卻變成 3 倍多（從 0.09 美元升到 0.30 美元）。拉弗認為，這會恢復有錢人的工作誘因。他們就像誓師大會中的美式足球員，一邊怒吼一邊衝進辦公大樓。工資飆漲，稅基調升，音樂漸強，就連政府稅收也增加了。

　　邏輯依據是簡單的微積分，不是什麼新鮮事。凱因斯（John May-
nard Keynes）、實業家暨慈善家安德魯‧美隆（Andrew Mellon）、14 世
紀穆斯林哲學家伊本‧赫勒敦（Ibn Khaldūn）——拉弗把這些人都稱為
先驅，不承認任何個人功勞。因此我很確定，你已經曉得這個圖形以誰
的名字來命名了。

　　關於這個稱呼，可以歸功於瓦尼斯基。
　　他是誰，除了《華爾街日報》的其中一位主編和拉弗的死忠推手？
保守派評論家羅伯‧諾瓦克（Robert Novak）說他是「天才」、「改變
世界的鼓吹者」、「我所見過最聰明的人」；《紐約太陽報》稱他為
「愛群發傳真、尋求媒體關注的一人智囊團」；而根據內部可靠人士瓦
尼斯基的說法，他是「上個世代最具影響力的政治經濟學家」。

他的競爭對手喬治・威爾（George Will）說：「我真希望我對某件事的自信就像他對一切事情那麼有把握一樣。」

瓦尼斯基在看拉弗的曲線時，看到了歷史的弧線。請忘掉保守主義的對抗赤字警戒，忘掉昔日的「餓死政府」反課稅語言。在這天，瓦尼斯基聲稱精心安排的晚餐桌上，他想像著一種新的世界秩序。現在，減稅是雙贏，或者更好的是，多贏。

他會在自己 1978 年的力作中清楚解釋這個洞見，書名帶著克制的特色：《世界的運作方式》（*The Way the World Works*）。它很快成為「供給面」新經濟學的聖經。《國家評論》（*National Review*）在 1999 年有一篇回顧文章，把這本書列入世紀百大非虛構書單。瓦尼斯基開玩笑說：「我名列《廚藝之樂》之後。」但確切說來，《廚藝之樂》（*The Joy of Cooking*）列在第四十一名，瓦尼斯基的書排名九十四。

拉弗曲線是《世界的運作方式》一書的核心意象。事實上，它是書名所提及的要角，是文明本身的圖解。瓦尼斯基寫道：「無論用何種方式，所有的交易都沿著它發生，乃至最單純的交易都是如此。」他預言道：「它的用途將擴散開來……全世界的選民都會知曉……」

我只挑一個毛病，那就是瓦尼斯基似乎不了解這條曲線。

他屢次把曲線的峰點稱為「選民希望納稅的點」。我不確定瓦尼斯基和哪些選民廝混，不過我倒是未曾見過哪個選民不顧一切要讓政府稅收達到最大值。沒有人**那麼**愛國稅局。

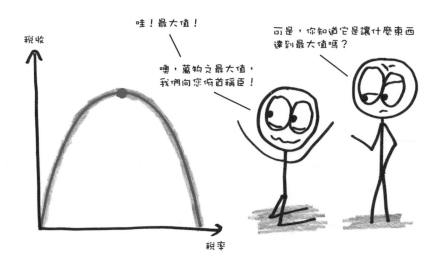

他在其他地方寫道：

這個表述中並未明言，某處有理想的稅率存在，不會太高也不會太低，但可刺激最大的應課稅活動，在最不痛苦的情況下產生最高的稅收。

沒有博士學位，也看得出「最高稅收」和「最不痛苦」不是同義的，甚至是不可共存的。瓦尼斯基寫得好像 $y$ 軸同時代表兩個變數似的——稅收和整體生產力。然而，圖形不是這樣看的。

不久，他便開始發揮大膽又詭異的想像力，把拉弗曲線解釋成一切事物的象徵——好比一位管教兒子的父親。「違反家規不論大小一律嚴懲」就像高稅率，而且「只會招致悶聲不響的叛逆、偷偷摸摸和說謊行為（就國家層面而言則是逃稅）」。同時，放任型的父親則像低稅率的國家，「招致公然、莽撞的叛逆行為」：兒子「不受約束的成長是犧牲了其餘家人換來的」。

按字面的意思來理解這個比喻，他是用「全面處罰」代替了「政府稅收」。他主張，做父親的應該致力於**讓他們打算給予的處罰達到最大量**。不要處罰得過於嚴厲，否則你會完全制止應給予處罰的活動！

在瓦尼斯基毫無忌諱的散文中，拉弗曲線不再是經濟學上的物件，甚至不是數學上的物件。他已經把它徹底變成一種「新時代」運動的含糊符號，某種幾乎不合乎文法的東西，與其說是看法，不如說是情緒。

不過，在瓦尼斯基朝夕不倦瘋狂擁護的協助下，拉弗曲線流行了起來。1974 年那天晚餐之後不到幾週，福特總統快速翻轉他的加稅政策。1976 年，剛競選連任的眾議員傑克‧坎普（Jack Kemp）同意與拉弗會晤十五分鐘；結果他們徹夜長談，就像在友人家過夜的好友一樣。瓦尼斯基說：「我終於找到像我一樣狂熱的民意代表。」另一位供給面學派的擁護者後來寫道：「坎普幾乎是單槍匹馬地讓雷根總統轉向供給面經濟。」後來雷根在 1981 年簽署了一份大幅減稅法案，坎普是共同撰寫人之一。

不到十年，餐巾上的信手亂寫成了這個國家的法案。

同年，為《科學人》雜誌（Scientific American）撰寫「數學遊戲」專欄寫了四分之一個世紀的作家馬丁‧葛登能（Martin Gardner），用他的最後一篇固定專欄猛力抨擊供給面學派。他引述喬伊斯（James Joyce）的句子（「半夢過的最奇特夢境」），撻伐拉弗曲線過於簡化，近乎毫無意義。

就拿代表「稅率」的 $x$ 軸來說。在像我們這樣的制度裡，它究竟是指什麼？平均邊際稅率？最高稅率？較低的級距繳納多少錢，最高級距從哪裡開始起算，這些難道不重要嗎？為了彌補失去的複雜性，葛登能

用「新拉弗曲線」進行了駁斥。在這種曲線中，「同樣的」稅率可以產生許多不同的結果，端看具體情況而定：

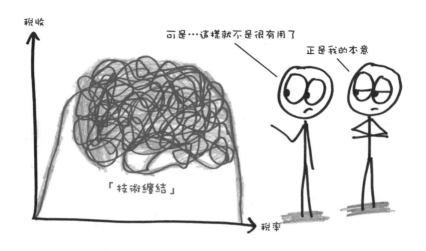

葛登能惡毒批評道：「就像舊版的拉弗曲線，這個新版本也帶有象徵性，但它顯然是真實世界的更佳模型。」

到最後，這個問題還是要以經驗為依據。減稅真的增加了稅收嗎？現在或那個時候的美國，是不是落在曲線的右半邊（也就是錯誤的那一邊）？

簡短的回答是：可能不是。經濟學家已經嘗試準確指出峰點；估計值差異很大。伸出手指放在那個範圍的中央，你會落在大約 70% 的地方，這正是雷根繼任時的稅率。到他卸任時，稅率降到 28%——當然在曲線的左半邊。

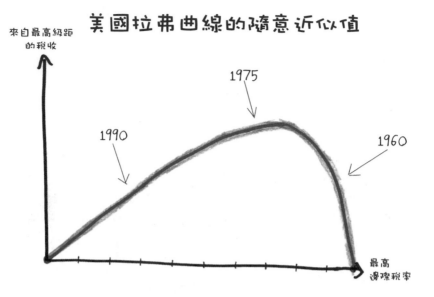

2012 年做了一項調查，詢問四十位頂尖經濟學家是否認為美國處於拉弗曲線的右半邊。沒有人回答是。態度不一致之處則從遲疑不決（「看起來很難相信，但不是不可能」），到堅定有力（「這在過去沒發生過，沒有理由認為現在不會發生」），到調侃（「登月是真有其事，演化是存在的，減稅會使稅收減少。研究已經指出這點一千次了，真的已經夠了」）。其中一位經濟學家評論說：「那就是個拉弗賦稅政策！」

拉弗的經濟學同行似乎已準備把他皺巴巴的餐巾扔進垃圾桶了。

不過，這條曲線仍是有力的政治訊息傳遞。經濟學家哈爾‧瓦里安（Hal Varian）指出，「你可以用六分鐘解釋給某位國會議員聽，而他可以講六個月。」這個圖形把勞動市場描繪成某個生物，它會隨政府的課稅方案改變大小和形狀。那個景象擴散開來了：今天，減稅的「動態評分」（dynamic scoring）是慣例，「減稅刺激成長」的看法是普遍接受的老生常談。

史密森學會（Smithsonian Institution）目前收藏著一塊布餐巾，瓦尼斯基去世後在他的遺物中找到的。上面寫著：「如果對某個產品課稅，產生的就會變少。〔如果對某個產品〕給予補貼，〔產生的〕就會

變多。我們一直在對工作課稅⋯⋯對不工作、休閒和失業給予補貼。後果很明顯！」這塊餐巾是寫給「唐・倫斯斐」，日期為 1974 年 9 月 13 日，署名「亞瑟・B.・拉弗」。

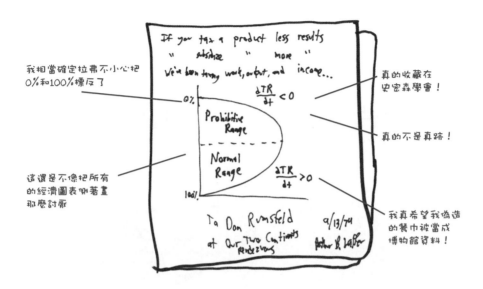

　　拉弗說那塊餐巾不是真跡；它是重製物，是事後的紀念品，多年後在瓦尼斯基的要求下製作的。拉弗說，原件一定是紙餐巾；他絕對不會在高檔的布製品上亂畫。再者，它太工整了。拉弗對《紐約時報》說：「你看看寫得多工整！你告訴我，深夜喝下一杯酒之後，要怎麼寫出那樣工整的字。」

　　我相信拉弗。當然啦，瓦尼斯基了解如何講出很好的故事，但現實總是更紛亂些。

好狗　　　更好的狗

最好的狗

瞬間 XIV.
一隻最優良的狗。

# XIV.
# 那是你的狗教授

　　《紐約客》雜誌的詹姆斯・瑟伯（James Thurber）寫道：「狗最受人誇讚的特質，就是牠們本身的優點，很奇怪的是，這些優點被放大且美化了。」這或許解釋了艾維斯（Elvis）這隻「懂微積分的威爾斯柯基犬」的名氣，或許也說明為何報紙阿諛奉承，電視攝影機猛拍，名譽學位像狗狗潔牙骨一樣拋向牠。也許我們在牠的狗直覺中看到與人類智慧如出一轍的東西，看到對我們得之不易的科學的肯定。

　　話說回來，狗最受人讚賞的也許是那張可愛的小臉。提姆・裴寧斯（Tim Pennings）笑著對我說：「如果那是隻長得很醜的狗，效果應該不會那麼好。」

　　故事始於 2001 年。「我沒想過要養狗，」裴寧斯說起他初次見到艾維斯的情景。但當那隻一歲大的幼犬毫不猶豫地跳到他腿上，這個數學家決定反正嘗試一下──「養六個月看看」。這份感情將持續十多年，艾維斯會在裴寧斯的研究室裡打盹，跟著他上課。裴寧斯說：「校園裡的人都認識牠。希望文理學院（Hope College）的非官方吉祥物。」

　　不上課的時候，人狗二人組喜歡去密西根湖東岸的湖鎮沙灘公園（Laketown Beach）。裴寧斯會把一顆網球丟進湖水裡；艾維斯沿著沙灘蹦蹦跳跳到中途，再撲進水中。裴寧斯說：「這勾起了我的回憶。我心想：『對，那就是我每次解珍救泰山問題時所畫出的路徑。』」

　　日後會有一個學生在 CNN 故作嚴肅地說：「就讓大學教授用微積分這樣的東西，把好好的你丟我撿遊戲給毀了。」

　　這個問題是老套的備用題。不識字又笨手笨腳的泰山陷進流沙裡，需要珍去救援，但她在河的對岸（為簡單起見，假設河水沒有流動），而且離他還有一小段距離。她要如何在最短的時間內救到他？

其中一個選項：朝他直直游過去。這樣會使穿過的距離最短。不過，考量到珍的游泳速度比跑步慢，把所有的時間都花在水中，對她來說是明智的嗎？

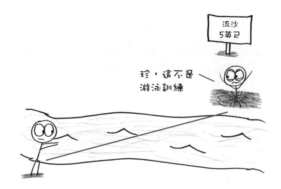

另外一種方法：先沿著河邊跑到泰山的正對面，再轉個直角游過河。這會使游泳的距離減少到最短（對一條不流動的怪河來說也許很理想），但整條路線就變得很長。

在上面這兩個極端之間，珍還有非常多中間選項，她可以先沿著河邊跑，途中再斜著游泳過河。

這是專為微積分設計的謎題。稍微調整一下入水點，就會對整體時間產生些微的影響。找出這個導數（$\frac{d時間}{d入水}$）等於 0 的位置，就可以替珍找到時間最短的理想路徑。

遇到同樣問題的艾維斯，有可能選擇最佳路徑嗎？或是像裴寧斯在他的研究論文標題裡的提問：**狗懂微積分嗎**？首先，我們得定義幾個變數：艾維斯的奔跑速率 $r$；牠的游泳速率 $s$；球與湖岸的距離 $x$；以及球在沿著沙灘方向上的距離 $z$。

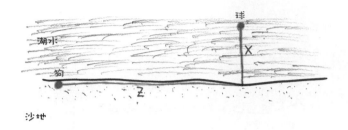

最後是關鍵的決策變數 $y$：艾維斯要截掉多少的轉角。

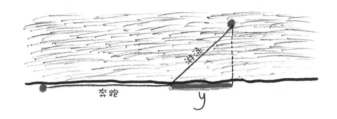

經過一番代數運算，裴寧斯得出這個令人吃驚的公式：

$$y = \frac{x}{\sqrt{\left(\dfrac{r}{s}\right)^2 - 1}}$$

為什麼令人吃驚呢？與其說是因為公式裡有的東西（一堆符號），還不如說是因為裡面沒有的。它沒有 $z$。

接下來幾年，裴寧斯在對學生講話的時候，都會強調這一點。裴寧斯會問：「如果我沿著湖岸往後退 10 碼再拋球，艾維斯應該怎麼做？」換句話說，如果 $z$ 增加了，$y$ 會怎麼樣？

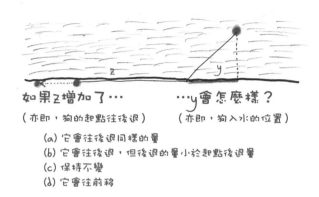

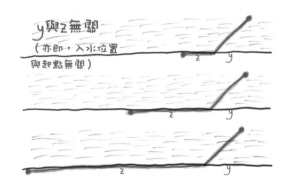

絕大多數（至少 90%）的學生選 (b)。但接著裴寧斯會指出，公式裡少了 $z$。缺少就是指這個最佳位置與 $z$ 無關。無論他以湖岸線上多遠的地方為起點，不管是 100 英尺、100 碼還是 100 英里，艾維斯應該都會選同一刻下水。

裴寧斯會告訴他的聽眾：「你們全都同意。這看起來顯而易見。不過數學會迅速穿過群眾，破除你的直覺，破除所有一切。」

艾維斯也能穿過沙地，衝向牠的獎品嗎？狗的頭腦有可能在人類腦筋不靈光之處有出色的表現嗎？裴寧斯、艾維斯和一個學生幫手在沙灘上忙了一天，樂此不疲地收集數據。首先是弄清楚牠移動得多快的計時賽：艾維斯在陸地上每秒 6.4 公尺，在水裡則是每秒 0.91 公尺。再來就是重頭戲。裴寧斯沿著湖岸放了一個 30 公尺的軟尺，然後丟出球，總共丟 35 次；他追在艾維斯後面，追到狗撲進水中為止，共計 35 次；他

把螺絲起子插進沙地，以標出位置，也做了 35 次；最後又趕在艾維斯撿到球之前，衝去量球與湖岸的距離，衝了 35 次。

有路人問了：「為什麼你要拿著十字螺絲起子追狗？」

裴寧斯回答：「在做科學實驗。」而沒有大言不慚說出實情：在創造數學歷史。

裴寧斯的公式預測了 $x$（球與湖岸的距離）和 $y$（艾維斯的入水點）之間的線性關係。裴寧斯把 35 個數據點標在圖上之後（除了其中兩次，急過頭的艾維斯直接跳進水中，因而以「功課好的學生也有失常的時候」這個根本原因為由排除在外），發現結果和他的公式頗為吻合：

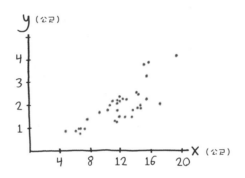

他把〈狗懂微積分嗎？〉投稿到《大學數學期刊》（*College Mathematics Journal*）。主編昂德伍‧杜德利（Underwood Dudley）馬上接受了，把艾維斯的照片啪的一聲放在封面上，寫信給裴寧斯：「後代的人讀到這篇文章時會說：『那時候有偉人。』而且他們會是對的。」

《芝加哥論壇報》、《巴爾的摩太陽報》、美國 NPR（全國公共廣播電台）和英國 BBC 都緊抓著這則報導不放。發自白金漢宮的一封信，傳達了女王陛下的美好祝福。艾維斯登上《威斯康辛州報》頭版，翻到背面的第二頁還可以看到這個數學問題的圖解。數學推廣工作者齊斯‧德福林（Keith Devlin）在其著作《數學天賦》（*The Math Instinct*）中，用了一章的篇幅寫艾維斯，甚至提議以《狗懂微積分嗎？》當書名。出版社勸阻他不要這麼做，提醒他「微積分」三字會嚇跑讀者。（很有趣，我的出版社跟我說了同樣的話。）

　　這篇論文的天才在於簡單易行，就像艾維斯一樣。裴寧斯說：「很可能有一百個數學家在心裡懊惱不已：『幾年前我本來可以跟**我的**狗一起做這個的。』」

　　法國有兩位研究人員，心理學家皮耶‧佩魯謝（Pierre Perruchet）和數學家霍赫‧蓋耶哥（Jorge Gallego），又更進了一步。首先，他們用一隻名叫索沙（Salsa）的拉布拉多獵犬重做這個實驗。接著，他們對裴寧斯的解釋提出一個根本性的挑戰。他們問道，艾維斯是否真的查看了各種可能的路徑，以選出最佳路徑？那對一隻幼犬來說似乎太複雜了。他們寫道：「這暗示了，狗在還沒開始奔跑之前大概就可以計算出……整條路線。」

　　法國二人組提出另一種可能：「狗會在**每個片刻**嘗試讓自己的行為達到最佳化。」任一刻，艾維斯（或索沙）只需決定：**要跑還是游泳？**

　　距離球還很遠時，奔跑比較快；距離近時，奔跑太迂迴了，因此游泳就變成最理想的。艾維斯不必事先設想整條路線，只需知道自己的奔跑速度和游泳速度，並且一步步選出比較快的靠近方式。

　　這種策略產生出相同的路徑，卻也避開了全域最佳化的「複雜潛意識心理計算」。

　　也許狗還是不懂微積分。

　　這篇文章（〈狗了解相關變率，而不是最佳化嗎？〉）碰巧出現在裴寧斯的桌上準備審查。他心想，**這個想法太棒了！**並且審核通過。

（公平是真正的學者之舉。）但一星期後某天的炎熱下午，裴寧斯發現自己和艾維斯回到沙灘上，這次他們在湖水裡消磨時光，玩你丟我撿的遊戲。裴寧斯會把球丟出去；艾維斯會划水過去把球銜回來。

裴寧斯回憶說：「其中有一次，我把球丟得很遠，然後看著牠朝岸邊游去，在沙灘上跑了幾步，再回到水裡游。」教授做出一臉驚愕的表情。「等等！牠不是朝著球划水過去！牠在處理全域的問題，而不是相關變率的問題！」

如果每一片刻艾維斯都在選擇最快的方向，那牠為何會朝岸邊游去呢？這樣會讓牠離球**更遠**啊。唯有全域最佳化的思維模式，才會選擇這樣的路徑。結果就產生了另外一篇以艾維斯為題材的論文：〈狗懂分歧理論嗎？〉（Do Dogs Know Bifurcations?）。

多年來，裴寧斯和艾維斯一起巡迴演講，在每場演講結尾，裴寧斯都會把艾維斯抱到觀眾席前方的桌上。裴寧斯會提議：「現在各位仔細看牠的眼睛和耳朵。」接著他會以平靜又深情的口吻問道：「艾維斯，$x^3$ 的導數是什麼？」

眾目睽睽之下，這隻柯基犬會歪著頭凝望裴寧斯。

這時裴寧斯會大聲說：「看到了沒？看見牠在做什麼嗎？」又是一陣意味深長的停頓。「牠什麼事也沒做。我問牠那個問題時，牠從來沒有做任何**事**。」

爆雷：狗不懂微積分。不過，天擇是強大的最佳化器。一隻狗若能越快找到食物，牠（及其孩子）的生存機會越大，久而久之，採取最有效率的路徑的狗在族群中就開始占有優勢，一代又一代，狗「學會」了微積分。六邊形的蜂巢使材料消耗減到最少，肺部不斷分支的氣管使表面積達到最大，哺乳動物的動脈讓血液回流得最少，道理全是一樣的。自然界憑著不可思議的本事，通曉了微積分。

全美純種狗日（National Purebred Dog Day）網站寫道：「我們不確定裴寧斯為何那麼驚訝。艾維斯是潘布洛克（Pembroke）威爾斯柯基犬，我們都知道牠們多聰明。」

確實，艾維斯很快就獲得希望文理學院的名譽博士學位，連同正式的表揚和鮮橘色披肩。裴寧斯替艾維斯製作了名片，但在設法縮短「狗博士」的拉丁文說法過程中，不小心改成了「狗婦科醫生」。然而，這是這隻開路先鋒小狗的又一次歷史明證。

裴寧斯在一封電子郵件裡，跟我分享他懷抱多年的得意構想：書名為《由一隻狗講解的數學》（*Mathematics as Explained by a Dog*）的一本書。書裡會不時穿插艾維斯的照片，內容涵蓋微積分（最佳化、相關變率）、高等數學（分歧理論、混沌理論）、博雅科目的價值、建模的本質（例如，艾維斯真的一下水就開始划水了嗎？是真的，因為就連在淺水處，牠那四條不到 13 公分的腿仍舊碰不到底）……噢，還有（稍後第二封郵件中提到的）謙遜的教訓。艾維斯雖然不知道 $x^3$ 的導數，

但「狗教授」有很多東西可以教。

　　艾維斯在 2013 年離開了。瑟伯寫道:「沒有哪隻狗喜歡死亡,但我也從來沒有養過一隻狗,對死亡會表露出像人類般緊張不安的恐懼。對狗來說,死亡是最後無法避免的驅使,是令人生畏之路上最後一個無法躲避的氣味。」

　　裴寧斯告訴我:「剛開始時艾維斯是我當成非常好的朋友的一隻狗,到牠死的時候,牠是碰巧生而為狗的好朋友。」

瞬間 XV.
要精－益－求－精！

# XV.
# 我們來計算一下！

也許你已經注意到數學裡充滿符號，彷彿一套帶有 $x$、7、■等等的多元化字母系統。最理想的情況是，從事數學工作的人應該知道這些符號是在表示什麼：$x$ 在表示「時間」還是「空間」，$y$ 在代表「年」（year）還是「山藥」（yam），$zzz$ 是象徵「$z^3$」還是「打鼾」。每個符號都有一個含義，每個含義都有一個符號。

唉，教室裡幾乎沒有「最理想的情況」可言，反而很有可能發現學生把符號記法搬來搬去，囫圇吞棗，將一個過程反覆演練到不假思索為止。把 $x$ 項合併，刪去所有的 7，然後在沒把握的情況下得出結論■。學校作業就像在用自己不會說的語言記帳；別去管「為什麼」，唯一的問題是「怎麼做」，就如「我要怎麼熬過去？」。引用卡夫卡在小說《審判》（*The Trial*）中的一段話：「這讓我感覺到，某件抽象的事我不理解，但也不需要理解。」可以肯定的是，卡夫卡在描寫一種極權式的官僚體制，而不是我的數學課堂，不過，嘿，其實都一樣啦。

具體的含義怎麼會對空泛的抽象化讓步？鼓起你的勇氣，我就會告訴你。

我們從一個 $A$ 乘 $B$ 長方形的熟面孔開始。它的面積等於寬與高的乘積：$AB$。

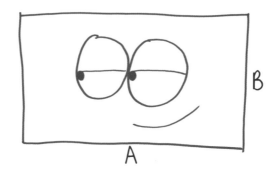

現在，想像這個長方形的大小會隨時間改變，就像城市年復一年朝北邊和東邊擴展。它的寬度（$A$）以 $A'$ 的變化率增加，它的高度（$B$）則以 $B'$ 的變化率增加。

問題來了：面積 $AB$ 增加得多快？

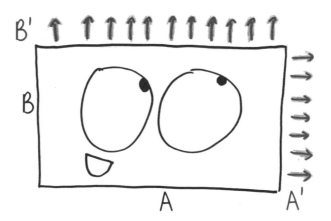

這是微積分，所以我們要思考的是某一瞬間。在那一刹那間，寬度增加了無窮小的增量（不妨稱為 $dA$，即 $A'$），它的高度也一樣（具體來說是 $dB$，即 $B'$）。

　　我們可以把增加的區塊分成三塊：一、右邊的細長條；二、上方的細長條；三、一個很小很小的正方形。基於我們在第十章討論過的理由，這個很可愛的第三塊可忽略不計；如果每個細長條像人的一根頭髮那麼細，那麼這塊小正方形就會像一個細胞那麼小。我們可以把它排除在計算過程之外。

　　好了，那剩下的兩個增加區塊有多大？從圖上看得很清楚：一塊是 $A'$ 乘 $B$，另一塊是 $B'$ 乘 $A$。

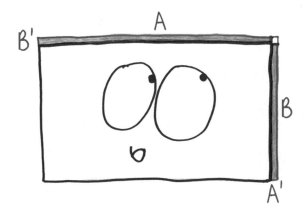

於是，面積的增長率就等於這兩個長條的總和：

$$AB \text{ 的導數} = A'B + B'A$$

到目前為止還好嗎？嗯，忘掉一切的時刻已經到了。忘掉這個長方形和幾小塊的增加。忘掉脈絡、幾何含義與邏輯鏈。忘掉你和我曾經相遇；甚至忘掉這個長方形曾經存在。在你的記憶的褪色表面，只保留著最後的那串符號：$(AB)' = A'B + B'A$。

現在，把它一味地應用到一千個不同的場合。應用到 $x \sin x$ 和 $e^x \cos x$ 和 $(x+7)^{10}(3x-1)^9$。應用到物理學、經濟學、生物學，還有占星術——只要水星升起。就像機器人做它的機器人回家功課一樣，不假思索又心不在焉地應用。

這種不動腦筋的運用，這種「符號挪移」，並不是微積分的程式錯誤，而是特點。

微積分是一個系統，一種官僚體制，一套形式化的規則。來看一下字源：calculus 在拉丁文中的原意是「小卵石」，好比算盤上的小石子。算盤就像是運算的外骨骼，用來把思維機械化的工具——照它自己的風格來看，微積分也是。

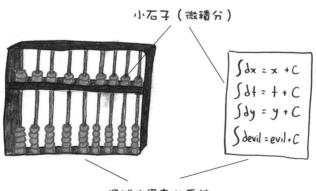

小石子（微積分）

$$\int dx = x + C$$
$$\int dt = t + C$$
$$\int dy = y + C$$
$$\int devil = evil + C$$

機械化思考的系統

正如 20 世紀數學家弗拉基米爾‧阿諾德（Vladimir Arnol'd）解釋的，萊布尼茲設法把微積分發展成「一種特別適合教學的形式……讓不了解的人去教永遠不會了解的人」。

撇開三度灼傷不談，阿諾德說得很對。17 世紀之初，符號挪移還不流行。哲學家湯瑪斯‧霍布斯（Thomas Hobbes）寫道：「符號是驗證的鷹架，雖然粗劣，不好看，卻是必需的，而且應該是在房間裡進行的最畸形該辦事項，不應該出現在公眾面前。」並不是霍布斯一人這樣鄙夷符號，當時的數學風氣偏好嚴謹的幾何，而非狡猾的代數。

但霍布斯的解讀方式有個缺點，任何一個學生都會欣然指出：你必須**了解**每件事。那是讓人討厭、很不好、很殘酷的事——而且不太短。

許多數學家在牛頓和萊布尼茲之前，就在處理導數與積分了，但他們是用巧妙、隨意、只此一次的方法解決問題。而「微積分」的本意（calculus 這個字是萊布尼茲首次採用的），是在建構統一計算架構。幾百年後，數學家高斯（Carl Gauss）對這種方法是這麼寫的：「靠這些方法還完成不了的事，在沒有這些方法的情況下是不可能完成的。」在我比較憂鬱的時候，我對叉子也說過同樣的評語，但就如我還繼續用叉子吃飯，高斯也看到了微積分的深遠價值：「凡是精通它的，都能夠在欠缺無人可控制的潛意識天才靈感的情況下，解決各自的問題，甚至可說是機械化地解決問題……」

我的學生依賴熟背下來的規則時，他們並未背叛微積分的精神，而是在實行這個精神。即使墮入錯的公式 $(AB)' = A'B'$，他們也只是在重蹈萊布尼茲本人早期筆記中所犯的某個錯誤——$(AB)' = A'B'$ 是一串看起來很不錯，但概念上說不通的符號。

按照設計，微積分是自動化的思路。

　　到 1680 年，萊布尼茲已經引進了無窮小，這是哲學裡最驚險刺激的概念之一。為什麼不多引進一些概念？為什麼不**全部**引進？因為他所設想的語言，當中的字彙會把各種想法包含進去，而其文法將體現本身的邏輯：宇宙的一種世界語。通用表意文字（characteristica universalis，亦稱普遍符號學）會把所有的疑問轉成像算術一樣機械化，受規則左右：萊布尼茲寫道「推理會由字母的移項來執行」，亦即符號挪移。萊布尼茲繼續寫道：「如果有人懷疑我得出的結果，我應該會對他說：『Calculemus；我們來計算一下，先生。』因此我們開始用筆墨，應該很快就會解決問題。」

　　在萊布尼茲的夢想中，一切都是微積分。

　　唉，事實卻非如此。萊布尼茲在德國小城漢諾威度過最後幾十年，他的火爆雇主糾纏不休，不斷要求他完成一份族譜報告。這則故事給孩子們的教訓是：交作文要準時。

　　更慘烈的事情是，和牛頓之間為了誰先發現微積分而起的爭端。先發表的人是萊布尼茲，不過牛頓較早醞釀出想法，而且表現得比較好。數學圈判定萊布尼茲是知識竊賊。數學家沃夫朗說，這場微積分監護權之爭是個轉捩點：

> 我開始明白牛頓在這場公關戰中贏過萊布尼茲的時間點……岌岌可危的不只是聲譽；還有思考科學的方式……萊布尼茲是持著較為廣博且哲學式的觀點，不僅把微積分視為特定工具，還視為會激發出……其他各種普遍工具的範例。

　　今天我們可以看出萊布尼茲延伸向什麼地方。我們不只在他的通用表意文字中看到這一點，也在他的論文中看到了，那篇論文試圖把難處理的法律案件系統化；還在他的二進位制研究裡看到了，二進位制是一門由 0 與 1 建構出的數學；此外也在他花幾十年努力建造的機器上看到了，這部機器是史上第一批機械化的四功能計算器之一。

　　電腦時代還未到來的幾世紀前，萊布尼茲就朝向電腦時代邁進了。電腦是我們的通用表意文字。無論邏輯能夠表達什麼，它都能做

到。它可以乘除，搜尋質數，在照片裡加狗鼻子，告訴你哪幅古典繪畫跟你最像。它能學習，能創作，它是個思考機械裝置，高明的符號挪移者，而且它所挪移的符號構成了這個現實世界的本體。

如今，每一件事果真都是某種計算法。

沃夫朗寫道：「如果歷史是朝不同的方向發展，可能就會有一條從萊布尼茲直達現代運算的路線。」我們自己的時間線，遵循比較迂迴的路線。萊布尼茲在 17 世紀做出的突破，造就了 18 世紀的符號挪移黃金時代，這又引發 19 世紀對於公理化與嚴謹的強烈執迷，進而導致 20 世紀在形式系統及可計算性方面的研究，並產生出 21 世紀的筆記型電腦，讓我在上面打出這個不著邊際的句子。

萊布尼茲戰敗了，還是歷史證明了他是對的？我們生活的世界裡，他遭到歷史的否定嗎？又或者我們其實處身於他的廣闊夢想方圓內？

我猜，只有一種方法可以找出答案。朋友，拿起紙筆，**我們來計算一下。**

噢，水滴，聽呀，無怨無悔地放任自己吧，而後換得海洋。

——魯米（Rūmī）

永恆

War and Peace and Integrals

Sines and Sensibility

THE COMBINATORICS OF MONTE CRISTO

Flatland: A ...ance of Many Dimensions

A Βυνχη οϕ Γρεεκ Στυϕϕ

Analytic ...ions for the Use of Italian Youth

FINITE JEST

永恆 XVI.
一個全方位學者的書架。*

# XVI.
# 在文學圈

　　雞尾酒派對。手中拿著酒杯，閒聊寒暄，看著上好的起司——這一切令人十分愉快，直到有人問我是從事哪一行的。從他們臉上的反應判斷，你大概以為我說了「我是混犯罪集團的」或「我是貪汙的法官」或「我來自未來，為了阻止世界末日而被送回來，以便殺光這個派對的每一個人」。

　　我其實是說：「我是數學老師。」

---

*　譯注：左頁插畫中的書名由左至右分別是《戰爭與和平與積分》（改寫自《戰爭與和平》〔 War and Peace 〕）、《正弦與感性》（改寫自《理性與感性》〔 Sense and Sensibility 〕）、《基度山組合數學》（改寫自《基度山恩仇記》〔 The Count of Monte Cristo 〕）、《平面國》（英國教師艾勃特〔 Edwin Abbott Abbott 〕批判維多利亞時代階層制度的諷刺小說）、《一串希臘字母》（原希臘字母轉寫為英文字母即是《A Bunch of Greek Stuff》）、《寫給義大利青年的分析講義》（義大利數學家阿涅西〔 Maria Gaetana Agnesi 〕1748 年著作）、《有限的玩笑》（改寫自華萊士〔 David Foster Wallace 〕小說《無盡的玩笑》〔 Infinite Jest 〕）。

喂，我明白。我和我的同事未必每次都能說出我們的科目最美之處。我說出「圓」這個字，很少有學生會想到 17 世紀英國玄學派詩人鄧約翰（John Donne）的詩句（「你的堅定讓我的圓又公又正，／讓我最後回到了起點」），或巴斯卡（Pascal）眼中的宇宙（「一個無盡的球，其中心在四面八方，而圓周無處可尋」）。並沒有，腦袋會嘔出依稀記得的公式。課本裡的習題。圓周率 π 的不受控位數。

我覺得有必要捍衛這個科目的名譽，證明它是偉大的思想文氏圖上那些重疊圓圈的一分子。所以我做了處在我這種情況的任何人會做的事情：我用鼠輩的速度，從開胃小點桌上奪走一點食物。

我問道：「這片黃瓜的面積有多大？」

質疑我的人皺起眉頭。「這個問題很怪。」

我大呼：「你說對了！它很怪，因為面積是用小正方形定義的，如平方英寸，或平方公分，甚至平方毫米，可是這片圓形沒醃過的黃瓜不能分割成小正方形，它的弧形邊緣測量起來有困難。你覺得……這該怎麼辦？」

　　這時我揮舞著刀子。我的夥伴有可能嚇跑，但如果我運氣好，他們就會明白我想說明什麼。

　　他們說：「啊，我們可以把它切成小塊。」

　　於是我們像切一塊小派一樣切開這片黃瓜，切成 8 片小三角塊。重新排列一下，就排成了一個面積與原形狀相等的新形狀。

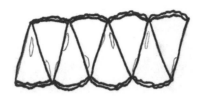

　　他們說：「這看上去幾乎像長方形一樣，長方形的面積很容易算，等於底乘以高。」

　　我說：「那底和高有多長？」

　　「唔，底——應該是黃瓜圓周長的一半，而高呢——嗯，是黃瓜的半徑。」

　　「這樣的話，問題解決了？」

　　他們說：「沒有，這不算是長方形。它不平整，不方正。」

　　我解釋說：「專業術語會說它是『搖搖晃晃』的。那我們要怎麼做呢？」

　　我們眾人一心，搶來另一片黃瓜，然後把它切成 24 塊更纖細的三角形。費盡心思重新排列之後，我們排出一個類似的形狀，只是稍微沒那麼搖搖晃晃了。派對上的其他賓客敬畏又羨慕，也可能是憐憫又嫌惡地（我永遠分辨不出差異）在一旁觀看。

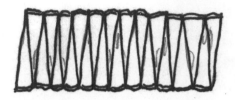

我的合作夥伴說：「現在更像長方形了！但還不完全是長方形。」
於是我們又抓了一片黃瓜，切得更細。

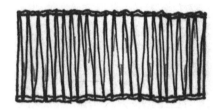

我問道：「現在是長方形了嗎？」

一聲嘆息。「不是。它的頂部仍會搖擺，底部仍會晃動。搖晃還
在，雖然只有一丁點。」

我解釋說：「專業術語是『極微小』。」

他們說：「我們需要把黃瓜切成無窮多塊三角形，每塊都無窮小。
那是排出長方形的唯一辦法。可是……根本不可能辦到。」他們猶豫了
一下。「對吧？」

無論有沒有可能，二十四個世紀前在今日的土耳其，有位名叫尤多
緒斯（Eudoxus）的數學家做到了。我們把他所使用的方法稱為**窮盡法**
（method of exhaustion），不是因為這個方法令人精疲力盡，而是某個
差距會逐步消去或「用盡」。這是近似值（搖搖晃晃的長方形）與所逼
近的目標（完美十足的長方形）間的差距。照這個邏輯步驟走到最後，
就會發現圓的面積等於長方形的面積：半徑與圓周長一半的乘積。

或是你更喜歡寫成等式：$面積 = \frac{圓周長}{2} \times 半徑$ 。

我們用自己的雞尾酒餐巾紙，將**積分**的發端握在手上。把一個麻煩
的物件切成無窮多塊，每塊切得無窮小，接著把這些無窮小塊重排成比
較單純又賞心悅目的集合體，然後從這個重新排列，得出關於原物件的

結論——這些步驟構成了積分學的範本或藍圖。

這時候，也許和我聊天的人的酒杯空了。也行，我們就互相點個頭，交換一下名片，然後不再交談。我假定名片代表的意義是——「永遠道別」的共同信號。

又或者他們的好奇心被挑起了。他們把酒杯重新斟滿，我往口袋裡多塞了一些起司，深吸一口氣之後，我們又回來鑽研數學。

他們說：「公式是很酷沒錯，但跟我以前在學校裡背的不一樣。」

我說：「那是因為我們剛才用圓周長定義面積。而我們還沒有找出圓周長。」

「那……我們要怎麼找？」

我們先來一趟歷史快閃小旅行。中國古代數學的基礎文本叫做《九章算術》（簡稱《九章》）。我覺得這個書名太平凡，真是可惜；中國古代其他的數學書，書名像《夢溪筆談》、《四元玉鑒》這樣有意境。《九章算術》經過幾個世紀的匯編，涵蓋了算術、幾何、矩陣運算等所有內容，是一部深度與完整性無與倫比的「數學聖經」。

只有一個問題：它是欠缺解釋和說明的荒漠。它彙集了各式各樣的算法，沒有一點上下文或詳細闡述。在我看來，這是最糟糕的教科書。

這就是 3 世紀（三國時代）的數學家劉徽發揮長才的地方。他並未編寫《九章算術》，而是為《九章算術》作註解，就好比 J. K. 羅琳筆下的「混血王子」；他是聰明的讀者，替一本塵封已久的課本作註解，為它注入了活力。

原作避而不談圓周長的問題，但劉徽不是迴避問題的人。我效法他的精神，從水果擺放區抓了一些牙籤，然後在黃瓜的表面用牙籤排出一個三角形：

我宣稱：「喏！這就是它的圓周長！」

只見我的夥伴眉尖一挑。

我解釋說：「這個三角形的每一邊，都等於圓直徑長度的 $\frac{\sqrt{3}}{2}$ 倍，所以整個周長就是 $\frac{3\sqrt{3}}{2}$ 個直徑，大約等於 2.6。」

他們回應道：「可是那是三角形的周長，不是圓的周長。」

我說：「那當然。誰有辦法測量曲線？我們只能用直線去逼近。」

他們皺著眉頭說：「好吧，如果你要那樣看，排成這樣會更好。」他們很迅速地把我所排的形狀重新排列一次，邊數從 3 加倍成 6：

我說：「六邊形！很好。那麼這個形狀的周長就等於三個直徑，這是圓的實際圓周長，對嗎？」

當然不是。我們只是重現了《九章算術》裡的原始估計值。不過，經過一番調整和重排，我們師法劉徽，排出一個 12 邊形：

在餐巾紙背面做一點三角學計算，就算出這個 12 邊形的周長等於 $3\sqrt{6} - 3\sqrt{2}$ 個直徑，差不多是 3.11。

更接近了，但仍然不是圓周長。並不**精確**。

劉徽寫道：「割之又割，以至於不可割，則與圓周合體而無所失矣。」\* 這個程序永遠不會結束，但會趨向真相。牙籤分成越來越小段，在永恆的盡頭，這個程序達到了無窮多段，每一段都無窮小，而它們的總和是圓周長。

劉徽一路做到 192 邊形。5 世紀（南北朝時期）的後繼者祖沖之鑽研得更深入，甚至做到 3072 邊形，得出的估計值準確到一千年來全世界無人能及。據祖沖之估計，圓周長等於 3.1415926 個直徑。

覺得這些數字很眼熟嗎？

當今的圓周率狂熱者，在圓周率日（π Day）辦派對，還有寫滿所背下位數的筆記，但他們的這種痴狂不是現在才有。早在 15 世紀，印度和波斯的學者就曾運用微積分的雛型，把 π 精確算到第 15 位小數。到了 19 世紀，執著的威廉・尚克斯（William Shanks）花了十年手算出 707 位小數，前面 527 個還真的是正確的。今天，超級電腦已經把 π 算到幾兆位小數了；如果列印出來裝訂成冊，這些書會放滿一座大小和哈佛大學圖書館差不多的圖書館，而且同樣無聊。

既然還有無窮多位小數要算，我們並沒有比以往更接近終點。而且新算出來的位數是沒有用的，我們永遠不會「需要」前幾十位之後的數

---

\* 譯注：出自劉徽的「割圓術」，大意是把圓內接多邊形的邊數一直加倍下去，多邊形與圓周就會重合，沒有差距了。

字。那麼我們為何會對圓周率著迷呢？

我認為原因非常簡單。人類看見東西，就想去測量。圓是現實世界的頑強特徵，就像地球的質量，或月球與我們的距離，或銀河系中的恆星數量。事實上它比那些更頑強，因為圓周率不會隨時間而波動，它依然是邏輯宇宙的不變常數。諾貝爾桂冠詩人薇絲拉娃‧辛波絲卡（Wislawa Szymborska）還為圓周率獻上一首讚美詩：「數字的盛裝遊行」，以下省略兩百字，「輕推著，一直輕推著懶散的永恆／繼續前進」。

古代數學家把圓切割成無窮多段，每段無窮小，他們之所以這麼做，是為了更清楚知道全貌——從小切片求得它的面積，從小片段求得它的圓周長。回頭去看，我們可以辨認出古代那些成就的本質是什麼：積分的濫觴。

這本書談積分的部分，我命名為「永恆」，主要原因是它與「瞬間」配成很詩意的一對。把這些積分的故事稱為「史詩」、「總體」、「海洋」或……也無妨。

差不多在此時，和我交談的人低頭看了一下，我的目光也隨之望去，發現地毯上滿是折斷的牙籤和黃瓜碎屑。我說：「也許我們該清理一下。」但話還沒說完，對方已經閃了，只留下一絲痕跡，非常靜悄悄又靈巧地塞進我的手裡，直到此刻才注意到：一張名片。

「為了通曉事理，
人類科學把所有事物
弄成碎片⋯⋯

⋯⋯還為了仔細檢查，
扼殺一切。」

《戰爭與和平》

永恆 XVII.
托爾斯泰，留著大鬍子的奇才。

# XVII.
# 戰爭與和平與積分

托爾斯泰的《戰爭與和平》成就如此偉大崇高、影響廣泛、時間長久到令人勞累，以至於出版後超過一百五十年的今日，第一批讀者才剛讀完全書。他們似乎欽佩不已。記者暨激進分子伊薩克·巴別爾（Isaac Babel）寫道：「如果這世界可以親筆寫作，它會像托爾斯泰那樣寫作。」這部頁數多達「六拖拉庫」的小說，埋藏著托爾斯泰對這個課題本身的思索，也是對於書寫一整個文明歷史的思索，還有他對隱喻的選擇——嗯，就假設它有可能會讓普通讀者大吃一驚：

> 要探索歷史的法則，必須徹底改變我們觀察的對象，必須暫且擱下帝王將相，去探究牽動平民百姓的共同且無窮小的要素。

那個奇特的數學用語，「無窮小的要素」，並非口誤。托爾斯泰在討論積分。

假設有一場戰役，兩軍交手，有一方會打勝仗。托爾斯泰說：「軍事科學都會假定，軍隊的相對實力與人數比例一致。」1 萬人的軍隊實力是 5000 人軍隊的 2 倍，1000 人軍隊的 10 倍，陷入兄弟會整人儀式的 10 位大學新鮮人的 1000 倍。因此，人數會決定結果。

但托爾斯泰嗤之以鼻。他用了一個物理學的類比。哪個砲彈施加的力比較大：質量 10 公斤的砲彈，還是質量 5 公斤的？這顯然取決於它們的運動速度。如果我用大砲發射較輕的砲彈，而用雙手丟出較重的砲彈，那麼重量的差異就無關緊要了；較輕的物體殺傷力強大，較重者卻不痛不癢。

對砲彈而言是如此，在發射砲彈的人身上也是如此：實力牽涉到的不僅僅是大小。托爾斯泰說：「在戰爭中，兵力是質量與其他東西（即某個未知數 $x$）的乘積。」

$x$ 究竟是什麼？據托爾斯泰分析，它是「軍隊的意志，想作戰並面對危險的欲望多寡」。五百名怯懦且不忠誠的士兵，與四百名驍勇又忠誠的士兵交戰，你知道賭注該押哪一方。本質上，托爾斯泰是要我們把每支軍隊想像成一個長方形。我們要計算質量×意志，而不是底×高。總數較大（即面積較大）的那一方，就是兵力較強的軍隊。

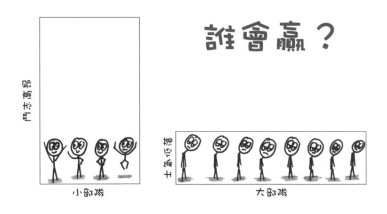

但不是所有士兵都是一樣的；有些人越戰越勇，有些人會發抖，有些人馬上就被俘虜，需要代價高昂的救援任務（嗯哼，麥特戴蒙）。數學要如何顯出那種差異？我們會需要捨棄過分簡化的單一長方形，改用一種複雜的集合體：

我們做完了嗎？還沒呢。托爾斯泰大概會發牢騷，說我是站在離散的角度思考連續的世界。不只有我這樣——這是所有歷史學家怠惰又邪惡的習慣，他們的專業就是把現實世界任意分段。這位領袖對上那個追隨者；這個果對上那個因；這一拳對上那個被打斷的鼻子。這些只是真實歷史連續體中的多變切割。我們去標記海洋的碎片或鑿出風的破片也無妨。

軍隊的實力不是一百件小事，一千件更小的事，抑或一百萬件更小更小的事。在托爾斯泰看來，你需要的是「無窮小的觀察單位——歷史的微分」。

軍隊的實力則是積分。

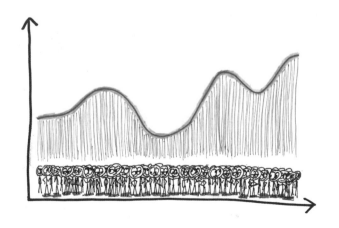

　　這種看法超越特定的戰場結果；這部小說並不叫做《小規模戰鬥與和平》。托爾斯泰的積分包含生與死、善與惡、巧克力與香草，有史以來每個國家進出世界舞台的門戶。了解歷史，就是在進行很棒的微積分演出——在扮演牛頓，而不是古希臘史學家希羅多德（Herodotus）。

　　倘若這聽起來像激進、有野心又難以貫徹的歷史理論，那麼叮－叮－叮！持懷疑態度者得三分！必須申明一點，托爾斯泰並未聲稱自己能回答所有問題；他只是覺得，在目前的狀態下，歷史是冒著蒸氣的一堆廢話。

　　西方史學約始於西元前 5 世紀，希羅多德的《歷史》（*History*）一書出版之後。希羅多德在很有企圖心的開場白中，點出了宗旨：記錄偉大之人所做的事，此記載既說明了「他們所身處的戰爭之因」，也確保「偉大且非凡的事蹟……不會失去其榮耀」。兩千年後突然打斷對話的托爾斯泰，認為這整個計畫浪費了許多時間：

> 歷史不過是寓言和無用瑣事的結集，塞滿了大量多餘的人物和專有名詞。基輔大公伊果（Igor）之死，咬傷奧列格大公（Oleg）的蛇——這不是無稽之談，那是什麼？

　　托爾斯泰認為，希羅多德和其追隨者犯了一種三重錯誤。也許你會想一邊吃爆米花一邊聽；憤怒、倨傲的托爾斯泰，也是超級有趣的托爾斯泰。

　　首先是關於**事件**的愚行。歷史學家往往會挑出少數幾個事件，如加冕、戰役、尬舞、簽署協議等等，然後審視一番，彷彿這些事件說明了一切似的。托爾斯泰反駁道：「實際上，任何一個事件沒有，也不可能有開端，而是一個事件連續不斷地源自另一個事件。」

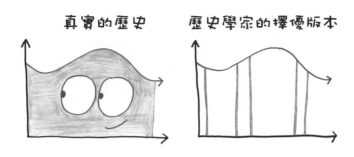

其次且更討厭的是，歷史學家老是說「偉人」的所作所為，就好像拿破崙的奇才或亞歷山大大帝的謹慎能解釋眾人的動態。托爾斯泰覺得這實在天真得令人瞠目結舌，幾乎不值一駁。

舉例來說，看看戰爭——我的意思是真正看一下。那些人離鄉背井，行軍上百公里，誅殺外國人或死於外國人之手。他們殺戮，他們被屠殺。到底是為什麼？他們難道不想待在家裡玩撲克牌嗎？是什麼力量讓他們加入這種異乎尋常的場面，這種違反理智的罪行？戰爭**到底**有什麼好處？

對托爾斯泰而言，歷史學家的「偉人」解釋是可悲的，只比召喚聖誕老人或牙仙高明半步。還不如把一座山的侵蝕現象怪到一個拿著鏟子的傢伙頭上。托爾斯泰說，歷史上的「偉人」是果不是因，他們乘勢而起，欺騙自己（和歷史學家）相信自己總能掌舵前進。

托爾斯泰說：「帝王是歷史的奴隸。」而提及帝王強大影響力的歷史學家，「有如回答無人問的問題的聾人」。

真實的歷史          歷史學家的說法

　　第三點，也是最後一點，是關於**起因**的愚行。歷史的整個計畫就是在確認事件發生的具體原因。對托爾斯泰來說，這是死胡同，是白費力氣。國王統帥，詳述式新聞報導，矽谷顛覆者，挑選什麼起因都無所謂。單憑貌似合理原因的數量，就能暴露出單一原因的不充分。

> 越深入調查原因，就會找出越多原因，而且每一個原因……本
> 身都讓我們覺得同樣屬實，而就其不足以影響結果的無限可
> 能，無法（在沒有其他原因同時發生的情況下）產生後續的結
> 果，也讓人覺得每一個原因同樣虛假……

　　魯鈍的歷史學家為無窮多維的結果尋找一維的解釋，不了解歷史的多重性、歷史的厚度，就好比採拾一些沙粒來當作沙丘的「成因」。

真實的起因　　　　　　歷史學家的解釋

　　長話短說，托爾斯泰認為這種歷史學家是自我欺騙的說書人，其結論有可能「在批評者絲毫沒有盡力的情形下，就像塵土一樣消散，未留下任何痕跡」。

　　我本人很敬佩托爾斯泰這種毫不留情的抨擊。在還沒有饒舌對決和推特互嗆的年代，這毫無疑問是電視上最刺激的事情了。不過，爆破拆除總是很容易，托爾斯泰有提議要從瓦礫堆中建設出什麼嗎？

　　嗯，托爾斯泰知道歷史必須從哪裡開始：人類經驗的微小、短瞬資料。一股勇氣，一絲疑惑，突然想吃墨西哥辣肉醬起司玉米脆片的慾望──那種內在的、精神上的東西是唯一重要的現實。再者，托爾斯泰也明白歷史必須在哪裡結束：涵蓋一切的崇高法則，像自身試圖解釋的現象一樣巨大的解釋。

　　唯一的問題，是介於兩者之間的過程。要如何從無窮小通往超乎想像的巨大？從自由意志的微小行動，變成無法阻擋的歷史移動？

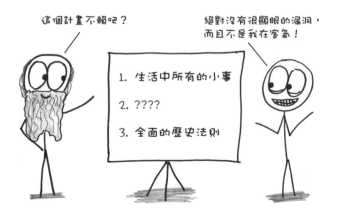

　　儘管無法自己填補漏洞，托爾斯泰仍然意識到應該會是哪種**類型**的事物。是屬於科學的，且可預測的；明確又不容置疑的；把微細片段積聚、統整、結合成單一整體的某種東西；某種類似牛頓萬有引力定律的法則；現代且定量的……有點像……哎呀，我說不上來……

　　一個積分。

　　就拿「沒有單一個點會影響積分結果」這個數學事實來說好了：

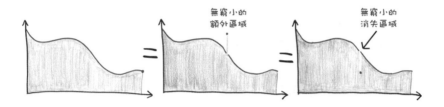

　　對於托爾斯泰堅決主張偉人不重要的說法，用哪種概念表達比較好？要說明不管移走偉人或小人物都不會改變歷史的流動，用哪種方法比較好？

　　托爾斯泰很欣賞微積分在力學研究上做到的事。他寫道：「人類的聰明才智無法想像運動的絕對連續性。」這正是芝諾提出的悖論何以讓我們上當受騙的原因。微積分「先假設了無窮小量……然後以此糾正人類才智必犯的必然錯誤」。以此類推，歷史學家猶如厚臉皮的小芝諾，把流動的時間線分割成隨意又零散的事件。托爾斯泰相信，微積分可以改正我們的認知缺點，復原歷史的整體性及連續性。

　　我可以想像這則故事的圓滿結局。《戰爭與和平》出版了，愚蠢的老歷史學家們讀到當中的撻伐議論，尖聲叫喊，然後化為塵土。懂微積分的新一代歷史學家，起身索取他們的辦公家具。這些頭腦清醒的正義之士把「歷史的微分」量化，然後發展出一套關於歷史變化的權威理論。幹得好！奧妙的法則揭露且證實了！歷史上的「偉人」讀到這些法則，尖聲叫喊，然後化為灰燼。農民起身索討他們的辦公家具，諾貝爾獎大量頒發，我們從此過著幸福快樂的日子。

　　很遺憾，這不是過去一百五十年發生的情景。

　　如今沒有人真的期望發現決定論式的歷史法則，我們反而想像各門

科學落在一個粗略的連續序列上,從「硬」科學(如數學、物理學)到「軟」科學(如心理學、社會學)。

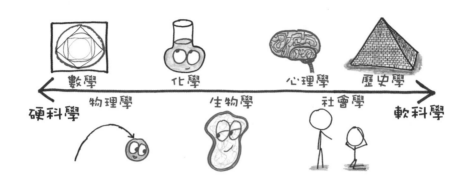

讓心情變得更令人難以忍受的是,「硬」科學喜歡吹噓自誇,彷彿「硬」意味著困難,而「軟」意指單純。這當然完全弄顛倒了。越軟的科學,它的現象越是複雜。

物理學家能夠預測原子會有什麼行為,但收集夠多的原子之後,計算起來就會變得沒有效率,這時就需要新的、突現的法則——**化學**定律。隨後,等到收集的化學物質夠多了,複雜性再次讓我們不知所措,就需要**生物學**介入,帶來新的理論和法則。如此一路走下去,在每個臨界點,數學的角色都會演變:從肯定到試探,從決定論到統計性,從共識到爭議。單純的現象(如夸克)遵循盲從忠誠的數學規則,複雜的現象(如學步的幼兒)較少如此。

托爾斯泰在尋求什麼?噢,所求不多:只求把最複雜的現象納入最嚴謹數學法則的適用範疇,只求把人當作行星。不用多說,我們還在等待那個理論。

托爾斯泰本身是分歧的。一邊是他對於細節的本事,抓取日常生活鮮活資料的天賦;另一邊是他渴望恢宏、大膽的答案。是什麼在引領人類的事件?為什麼有戰爭?為什麼會和平?積分是托爾斯泰的天賦與夢想之間的橋梁,理應排解他所認識的世界(一團混亂的細節)和他所渴望的世界(治理得當的國度),把無限的多重性融合為完美的同一性。

托爾斯泰的積分就科學的角度失敗了,但我認為它在隱喻上是成功

的。就整體而言，人類渺小到差不多無窮小，卻又多到幾乎無窮多，然而把那些個人一個個加起來，卻得出了人性。按照這個邏輯，歷史不屬於我們的任何群體或子集──不屬於國王，也不屬於總統，不屬於名叫碧昂絲的戰士女神；不屬於任何一個（單身）女士，但屬於**所有的**單身女士。

　　歷史是活出歷史的人的總和。

　　這不會產生科學預測，也不會出產數學法則。恰恰相反，它是個詩意的真義，富藝術性的真義──在無所不包的積分當中，理應同樣重要的某種真相。

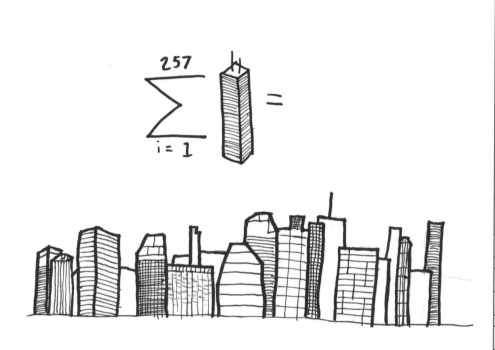

$$\sum_{i=1}^{257} \text{■} =$$

永恆 XVIII.
連加符號：無論數學家還是都市規劃人員都愛用。

# XVIII.
# 黎曼城市天際線

在我不太真實的職業塗鴉藝術家生涯中,我喜歡用一個稱為黎曼和
(Riemann sum)的視覺吉祥物來把微積分擬人化:

很漂亮,沒錯,但不只是一張好看的臉蛋:黎曼和是積分的精髓。
它的名字來自伯恩哈德‧黎曼(Bernhard Riemann),一個害羞又富有
想像力的德國人,只活了三十九歲,卻在各個數學領域到處留下指紋
(及他的簽名塗鴉):黎曼曲面、黎曼幾何、黎曼猜想。他甚至支援了
維基百科「List of Things Named after Bernhard Riemann」(以黎曼命名的
主題列表)這個頁面上的六十七個項目,包括一顆小行星和月球上的一
個撞擊坑。黎曼寫道:「藉由每一個單純的思考,某種永久而實在的東
西就會走進我們的靈魂。」

黎曼和為下面這個關鍵的問題,提供了最好的答案:積分到底是什
麼?

有個簡單的答案:它是「曲線下方所圍成區域的面積」。是沒錯,

不過，小夥子，你看到那些曲線沒有？函數是一片茂密的叢林，比起即將在數學荒野中看到的那些猛獸，沒有公式可圍困住的怪物，你在學校裡學過的三角形、圓形、梯形全像沙鼠和家貓一般。

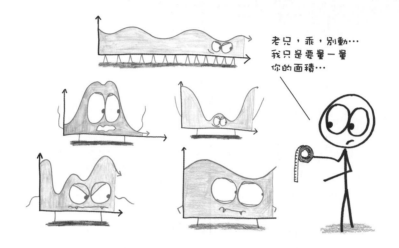

黎曼和是一種普遍的公式，能讓任何一個函數昏迷的麻醉鏢。儘管執行過程精妙，但理念非常簡單：利用很多很多很多長方形（矩形）。

　　我們可從四個矩形開始。讓它們並排站立，形成瘦高建築物的天際線，地板貼著 $x$ 軸，屋頂擦過函數。如果把它們畫成剛好與曲線內接，得出的結果就稱為「下和」（lower sum）：對此形狀面積的低飛估計。

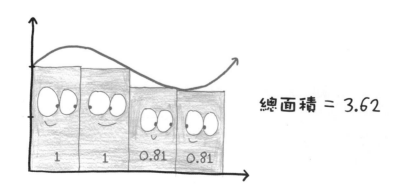

　　接著我們重複這個步驟，但這次矩形建築群的天花板並不是支撐著函數，而是落在函數上，剛好探出圖形外。現在，我們對實際面積的估計稍微過頭了，得出的是「上和」（upper sum）。

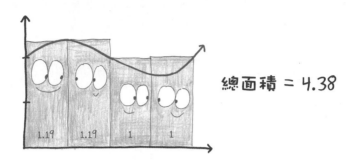

總面積 = 4.38

　　對於任何一種估計行為，從編列一項計畫的預算到猜出糖果罐有多少雷根糖，這都是很好的衛生習慣。在大膽預測單一的答案之前，先提出高估和低估，縮小兩者間的可能距離範圍。

　　無論如何，沒有人規定非得用四個矩形，我們也可以改用二十個：

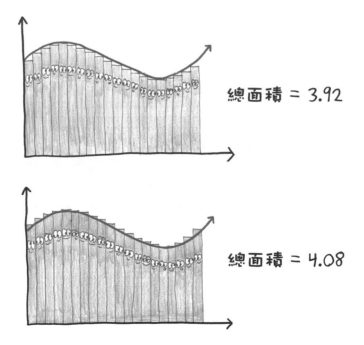

總面積 = 3.92

總面積 = 4.08

在這裡，黎曼所設的陷阱開始包夾野獸了。看得出來縫隙如何縮小嗎？看出較低的天花板怎麼升高，較高的天花板如何壓低？這兩個和朝著一個真相會合，我們使用的矩形越多，它們就拉得越近。如果用到一百個、一千個、一百萬個矩形，結果會怎麼樣？如果用了一兆個、一千兆個，甚至 10 的一百次方呢？**無窮多**個矩形呢？

| 有多少矩形？ | 下和 | 上和 |
| --- | --- | --- |
| 4 | 3.62 | 4.38 |
| 20 | 3.92 | 4.08 |
| 100 | 3.992 | 4.016 |

現在黎曼設下的陷阱啪一聲關上了。我們把想像力推向極致，在這裡高低兩個估計值中途相遇，得出單一的值：真實的面積，也就是積分本身。

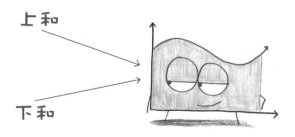

這則故事說明了積分的符號記法。我們用無數個小矩形覆蓋曲線下方的區域，每個小矩形的高為 $y$，寬為 $dx$，面積就等於 $y\,dx$。最後的華麗動作，則是萊布尼茲的 S 形彎曲符號：連續性、完備性的簡潔象徵，意味著「計算出這無窮多個物件的總和」。（有意思的是，把「積分學」的英文 integral calculus 字母順序變換一下，就會重組出「華麗花體字」一詞的英文 gallant curlicues。）

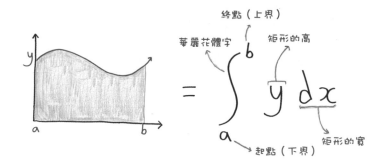

好啦，這就是黎曼積分（Riemann integral）的概念。但是你會問，那個符號學又是怎麼回事？

也許你不會問，也許沒有人會問，但你不覺得黎曼和看上去很像紐約市的天際線嗎？詩人艾茲拉・龐德（Ezra Pound）如此書寫紐約的某天晚上：「一格又一格的火焰，點燃，然後劃進以太。」文學評論家羅蘭・巴特（Roland Barthes）寫道：「一座幾何高度的城市，一片布滿方格與點陣的沙漠。」黎曼和好比天際線，由直線式單元構成的聚集物。

都市設計專家克里斯多夫・林德納（Christoph Lindner）評論道：「那些形式相互連繫的幾何結構……幾乎完全根據其垂直性建構並定義了那座城市。」（作家亨利・詹姆斯〔 Henry James 〕說這城市「令人眩暈」〔 vertiginous 〕，如果你是亨利・詹姆斯，就會用上這個形容詞。）同樣的說法也適用於黎曼和：隨著矩形數量激增，寬消失了，最後留給我們的會是純粹垂直的物件。

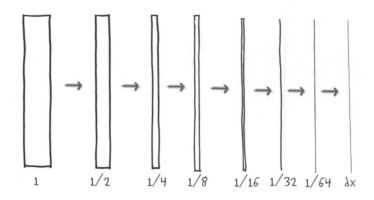

對某些人而言，天際線與自然界相呼應，甚或超越自然界。艾茵·蘭德（Ayn Rand）在小說《源泉》（*The Fountainhead*）中寫道：「為了一睹紐約天際線，我願獻出世上最美的日落。」書評家莫琳·科瑞根（Maureen Corrigan）也附和了這個說法：「那天際線……在我眼裡比最平靜的日落或白雪皚皚的山脈更美。」像天際線一樣，黎曼和留存在神祕的山谷裡，它過分簡化的幾何形狀，近似一條平滑的曲線，恰似天際線模仿一幅風景。

黎曼是在 1854 年把他的積分理論帶到這個世界，而半個世紀後，出現了一個更好的積分理論，那是出自法國數學家亨利·勒貝格（Henri Lebesgue）的筆下。

**要怎麼樣更好？**我可以感覺到黎曼的粉絲和紐約人這兩者或兩者之一，憤怒地朝我吐口水了。說句公道話，就大部分的實際目的而言，這

兩種定義是等價的。黎曼的積分定義，要到數學分析的更高境界才失效，那是個大氣稀薄又抽象的高處。

我們來看看惡名昭彰的狄利克雷函數（Dirichlet function）。你輸入一個數，如果它是有理數（如 $\frac{5}{7}$ 或 $\frac{13,734}{234,611}$），這個函數就會輸出 1；若是無理數（如 $\sqrt{2}$ 或 $\pi$），就會輸出 0。

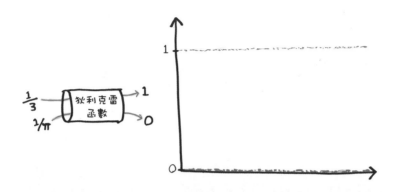

現在要告訴各位一個關於數線的不入流祕密，那就是絕大多數的數都是無理數。在一個基本上無理的世界裡，有理的東西就像表面上形成的一層薄薄灰塵。（這可能會讓你想起你住過的某些星球。）因此就嚴格的數學意義來說，這個函數的積分，也就是那些有理灰塵顆粒下方所圍的面積，應該為 0。勒貝格的積分就在告訴我們這件事。

但黎曼的積分無法處理這一點。灰塵把機器弄得又黏又髒，結果下和始終是 0，上和一直是 1。不管用了多少矩形，這兩個值都不會朝同一個數會合。

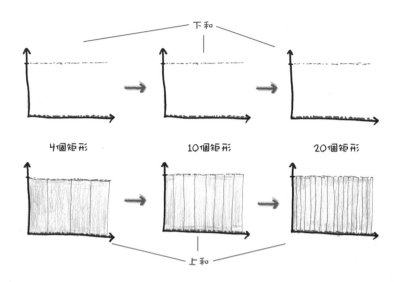

我能力有限，無法詳盡解釋勒貝格的方法，不過我倒是很樂意分享一下他所用的類比。勒貝格在寫給友人的一封信中，透過數錢的比喻，來對照他的積分與黎曼的積分：

> 我必須付一筆錢，金額已經放在我的口袋裡了。我從口袋一一掏出鈔票和銅板交給債主，直到達到總數為止。這是黎曼積分。但我也可以換個方式進行；我先把所有的錢從口袋掏出來，然後按面額把鈔票和銅板分成幾堆，再一堆接一堆付給債主。這是我的積分。

簡言之，黎曼按照鈔票和銅板出現的順序來數錢。

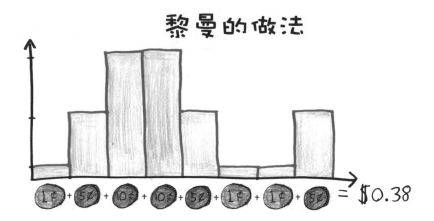

對照之下，勒貝格的方式是先重新排列，把一分、五分、十分硬幣各自分組。

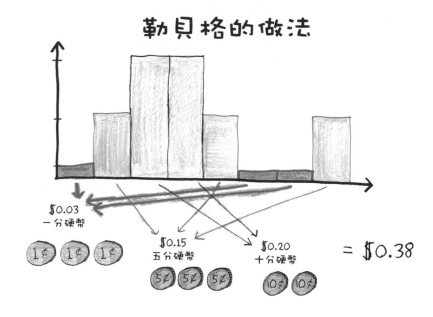

如果你覺得積分的概念比導數更難以捉摸，別擔心，有這種感覺的不只你一個。計算導數的方法是一種無限放大的程序，但求積分其實與縮小無關。它牽涉到的，是把物件分割成無窮多塊並重排，然後再相加起來，從整體中看到新的東西。

　　我們的城市隱喻要何去何從？如果黎曼積分是天際線，那麼勒貝格積分又是什麼？

　　嗯，我認為是像我們如今所知道的城市。21 世紀，我們發現自己並不是按由東到西的地理位置（黎曼的做法）來分組的，而是照更為概念性的準則（勒貝格的做法）。數位時代把我們重新組織起來：在臉書是透過友誼關係，在 LinkedIn 是透過行業，在 Tinder 是靠顏值，而在推特則看我們究竟是有藍勾勾的名人還是普通庶民。勒貝格生活在黎曼令人眩暈的城市裡，你我則生活在勒貝格重新定義的奇特層疊景觀中。

永恆 XIX.

瑪麗亞・加艾塔納・阿涅西拿著一個看起來像毛球的火球，
這都要怪藝術家能力有限。

# XIX.
# 綜合性的偉大之作

在數學的每個分支當中，都會有非常深奧又重要，後來稱為「基本定理」的法則。數學研究員奧立佛・尼爾（Oliver Knill）曾經編纂超過一百五十則這樣的單行式律法，從幾何（$a^2 + b^2 = c^2$）到算術（每個數都有唯一的質因數分解）到《鬥陣俱樂部》（「鬥陣俱樂部的基本定理是：不可以跟人談起鬥陣俱樂部」）。（我只是開個玩笑。尼爾當然會遵守這個定理的規定，未把它收編進去。）不管怎麼說，在所有的基本定理中，最最重要的定理歸三角學所有——你猜對了！

並不是，我是開玩笑的。在這裡微積分是大贏家，而給了微積分基本定理公道對待的第一位數學家，是瑪麗亞・加艾塔納・阿涅西（Maria Gaetana Agnesi）。

　　她出生於 1718 年，到 1727 年的時候就能說流利的法語、希臘語、拉丁語和希伯來語，更不必說她的母語托斯卡納方言了。她還因發表演說捍衛女性受教育的權利，在當地出了名——講稿不是她寫的，不過是她翻譯成拉丁文，然後默記再背誦出來。那個演說的最佳論點，我猜就是演說者本人。

　　她的父親指望她成名。身為白手起家的富商，他把女兒的聰明頭腦視為家中最重要的資產，是他們躋身貴族地位的敲門磚。

　　很快地，二十一個兄弟姊妹當中排行老大的阿涅西，成為一種稱為清談聚會（conversazioni）的晚宴上的焦點。（conversazioni 這個字直譯是「對話」，但更精準的譯法是「書呆子社交聚會」。）在音樂表演之間的休息空檔，賓客應邀與年方十餘歲的阿涅西辯論科學和哲學課題，她會從牛頓光學或潮汐運動的即席發言開始，接著隨機應變，回應眾人對她所說的形上學或數學曲線提出的質疑。最後，每人一份雪酪，為晚宴劃下句點！我無法判定整件事聽起來究竟像拉丁文課一樣悶，還是像拉丁文課堂上的冰淇淋派對一樣歡樂。

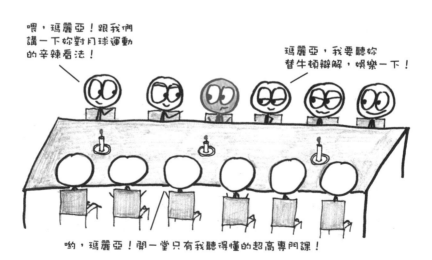

喂，瑪麗亞！跟我們講一下你對月球運動的辛辣看法！

瑪麗亞，我要聽你替牛頓辯解，娛樂一下！

喲，瑪麗亞！開一堂只有我聽得懂的超高專門課！

　　阿涅西本人顯然五味雜陳。學習、辯論、科學閒聊？她完全贊同。表演技巧、競爭力、掙得社會地位？沒那麼想。到了二十歲時，她和父親協商，減少參加這種社交聚會的次數，她要把時間花在擔任醫院義工、教婦女識字、幫助窮苦體弱的人。你也知道，就是叛逆女兒會做出的事。

　　三十歲時，她出版了生平唯一的著作：《寫給義大利青年的分析講義》（*Instituzioni Analitiche ad Uso della Gioventù Italiana*）。她當初是把這本書設想成一套教自己弟弟數學的方法，結果發展出更多東西：一套教所有人的弟弟數學的方法。歷史學家馬西莫・瑪佐提（Massimo Mazzotti）說：「她開始相信自己可以進行更遠大的計畫：引導初學者從代數基礎知識，一路學到微分及積分新技能的微積分入門書。這會是綜合性的偉大之作……」

　　的確：它將成為有史以來寫得最完整易懂、條理分明的微積分書，也是集導數與積分於一冊的第一本著作。像這樣的一網打盡，讓阿涅西得以重新重視一件古老的小事。也許你會把這稱為**基本的**事實。

　　好了，我們就來介紹微積分基本定理。

　　對數學家來說，「逆向過程」就是還原、抵銷相反物的動作。想一想加 5 與減 5，一個把你從 A 帶往 B，另一個則從 B 回到 A。

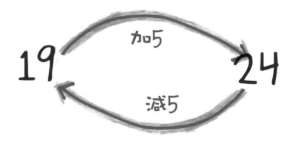

　　變成 3 倍與除以 3，情況也是如此。隨便選個數字，把它變 3 倍，再除以 3。讓我猜猜看：結果會是原來那個數字！我一定是有通靈的體質對吧？

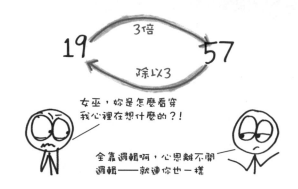

　　數學裡充滿像這樣可相抵的配對。平方把 3 變成 9；開平方把 9 變回 3。指數把 2 變成 100；對數又把 100 變回 2。一年的課業把懵懂無知的腦袋變成知識豐富的腦袋；一個暑假就會讓它恢復原狀。

　　微積分基本定理就是下面這件樸實又驚人的事實：**導數與積分是相反的**。我說這話，可不是隨意又浮誇地說說而已。不像在說「妙麗和榮恩正好相反」，因為一個冷靜，另一個性急；一個是女生，另一個是男生；一個聰明，另一個是榮恩。非也，我是就精確的數學意義來使用「相反」二字。
　　我透過一個物理學上的例子來教我的學生這件事。假設我們有個**位置函數**：我們知道車子在過去幾小時裡每一刻的確切位置。

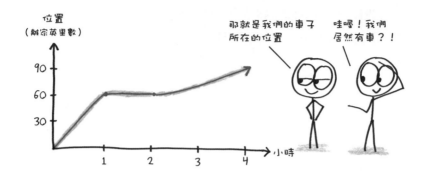

從這個資訊，我們能不能確定車子的**速度**呢？當然可以！只要看一下這個圖形的斜率就知道了。這稱為「微分」或「取導數」。

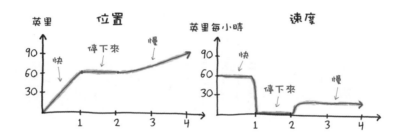

現在，把你腦袋裡的黑板擦乾淨。想像一下，我們改從一個**速度**函數開始：我們知道車子在過去幾小時的每一刻開得多快。

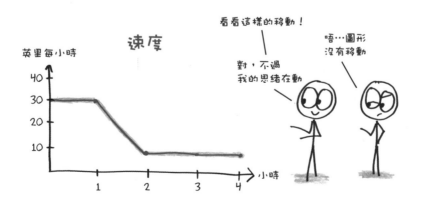

從這個資訊，我們能不能判定車子的**位置**是如何變化的——也就是它移動了多遠？當然可以！行進的距離等於曲線下的面積。這個過程稱為**積分**，或做**積分**。

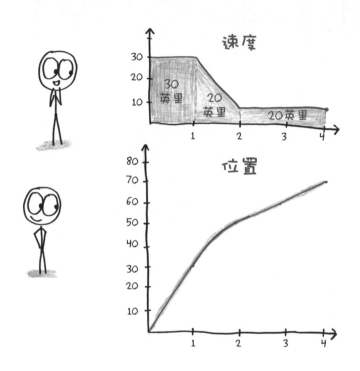

因此，導數（找曲線的斜率）與積分（找曲線下的面積）是相反的。前者從時間之流中取一瞬間，後者則從一堆涓滴重建出整條流動。

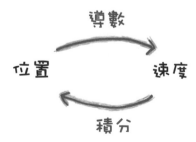

　　但那是我的解釋，不是阿涅西的。她是生活在 18 世紀的女子，不喜歡汽車。事實上，她不肯在自己的書裡放任何類型的物理應用。

　　倒不是說她是個冷漠或粗心的老師。有一回，她的父親強迫她在晚宴上講解一個令人卻步的專門知識，隨後她向一位賓客致歉，說她「不喜歡公開講這類事情，因為每有一個人聽得很開心，就會有二十個人覺得無聊透頂」。也不是她不喜歡物理；唷，她可是鎮上的專家呀。物理的實例明明可以讓微積分變得具體又有意義，為何要禁用？她的弟弟們從來不尋求「實際應用」，或從沒想過，**我們什麼時候會用到這個**？

　　也許他們想過。不過對阿涅西來說，數學與實用性無關，而是個神聖的課題，是一條通往上帝的道路；純粹邏輯思考給予人類最接近神性認知、永恆真理的經驗。對於像阿涅西這般虔誠的人而言，那就是一切。為什麼要用俗世玷汙神聖，用物理弄髒幾何呢？

　　阿涅西的純粹化處理方式，生出一部歷久不衰之作。數學史家瓦金・納瓦羅（Joaquin Navarro）寫道：「符號記法經過了精挑細選，而且很現代，即使一個逗點都不用挪動，現代讀者也讀得懂。」為了領會阿涅西對微積分基本定理的看法，可把積分想成無數個位於某個圖形曲線下方的小矩形總和。

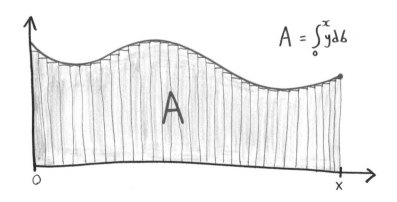

$$A = \int_0^x y \, db$$

導數在度量這塊總面積的變化——換句話說，就是加入天際線的最後一個矩形的大小。

不過，按無窮小 $dx$ 的比例，這個矩形的大小就等於曲線的高。

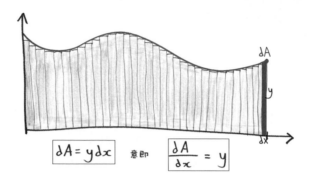

$$\boxed{\partial A = y\,dx}\quad\text{意即}\quad\boxed{\frac{\partial A}{\partial x} = y}$$

這表示，如果你：一、從一條曲線開始；二、求曲線下的積分；三、然後微分；最後就會回到你開始的起點。儘管看上去不像我們前面拿車子舉例的討論，但這兩條路通往同一個目的地——這兩者有時區分為「第一基本定理」與「第二基本定理」。積分與導數再次展現它們就像毒藥和解毒劑，或鉛筆和橡皮擦。

根據微積分基本定理，所有的微積分都是巨大的太極圖。

阿涅西比任何人都了解相反事物的統一。只要看看她所展現的不同身分：數學家與神祕主義者，傳統天主教信仰者與最初的女性主義者，科學與宗教兩者的信徒。她甚至連結起最極端的對立，也就是牛頓與萊布尼茲之間的仇隙，這場紛爭在她動筆寫書之時仍餘波盪漾。不像其他人，阿涅西設法把那個英國人的「流數」與德國人的「差分」整合起來，非常完美地融合在一起，結果有一位劍橋數學教授特意去學義大利

文，好把她的傑作翻譯成英文。

她並未把這些視為矛盾。如瑪佐提所寫的：「對阿涅西來說，將『科學』與『宗教』指稱為兩套水火不容常規的分類是沒有意義的。」我們的時代讓理性與信仰產生對立。阿涅西知道不是那麼一回事。

那位很有熱忱的劍橋教授在 1801 年翻譯她的著作時，把 versiera 這個字（航海術語中指「帆腳索」）誤解成它的同音異義詞，而那個字是 avversiera（意思是「惡毒女人」）的縮寫，於是在英語世界，後來就把箕舌線這種數學曲線稱為「阿涅西的女巫」（Witch of Agnesi）。無論是對阿涅西的才智還是業餘翻譯的危險性，這都是難以磨滅的證明。

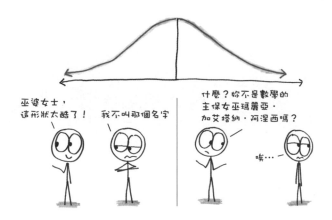

今天，微積分基本定理大概是數學中最強大且無所不在的捷徑，有了它，積分（無限多個無窮小片段的總和）就會變成單純的反導函數。我們可以忘掉黎曼錯綜複雜的天際線，勒貝格巧妙的重新排列，尤多緒斯和劉徽的幾何花招，只要改把取導數的步驟反過來做。這就好比我們每次都要按部就班拆門進屋，而在多年之後終於得知了鑰匙這樣東西。

不過，那不是阿涅西歌頌它的理由。瑪佐提寫道：「微積分對她來說，是讓心智變敏銳，得以領略上帝的方式。她信奉心明眼亮的靈性，而非巴洛克式的虔誠或充滿幻想的迷信。」我們就是透過那雙明眼，好好領會微積分這門實用又具有美麗內在的專業學科。

就這層意義上，我們都是阿涅西的義大利青年讀者。

永恆 **XX.**
被積分函數中的另一個喧鬧派對。

# XX.

# 積分符號內發生的事
# 留在積分符號內

　　理查‧費曼（Richard Feynman）很討厭數學課。問題出在，那個數學老師總是在待解的題目旁邊，寫出解題方法。這樣有什麼刺激感可言呢？課堂感覺起來只是在埋頭苦算，毫無生氣──由笨蛋所有、所治、所享的政府。

　　另一方面，他喜歡數學**社團**。那是個遊樂場，充滿惡作劇魔法與即興手法的學校。那些問題只需要用到代數（不需要微積分），但各有精心設計的變化。如果你試著套用標準的解題方法，時間就會耗盡。你反而不得不找一條簡化的捷徑。比方說……

題目：假設你正以每小時$4\frac{1}{3}$英里的速率逆流划船，河水流速是每小時3英里。中午12點時，你的帽子飛出船外，在河裡隨波遠走。中午12:45時，你把船掉頭。什麼時候你才能與帽子團聚？

你當然可以透過算術來解題。不過,更快的方法是改變一下思考角度,把河流變成你的參考坐標系。也就是變成那頂帽子。

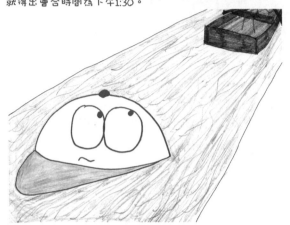

解答:你的船以每小時 $4\frac{1}{3}$ 英里的速率遠離帽子,且以相同的速率回頭。因此回程也和去程一樣花45分鐘,就得出會合時間為下午1:30。

導數有點像費曼的數學課。你會在任何一本值得印刷成冊的教科書或甚至幾本不值得印的課本上,找到一份最完整可靠的微分公式列表。套用那些法則,就不會出錯。

那積分呢?按照微積分基本定理,積分是反導函數 —— 導數的還原。$x^2$ 的導數為 $2x$;$2x$ 的積分是 $x^2$。不過,如果你試過取消烘焙一個蛋糕、取消打碎一個花瓶,或(這件事就真的不可能了)取消雜誌訂閱,你就曉得還原一個動作比做那個動作難處理。同樣地,積分是許多辛辣例外的大雜燴,它等同於微積分裡的數學社團。

自謙到令人耳目一新的《標準數學表》(*Standard Mathematical Tables*)說:「積分表不論多龐大,都很少能在表中找到想找的那個積分式。」舉例來說,看看這兩個式子:$\int \frac{1}{1+x^2} dx$ 與 $\int \frac{1}{1+x^3} dx$。不要過分擔心細節:只要注意到它們是同輩分的問題,所以應該會輸出同輩分的答案。最起碼,答案有同輩分的複雜性。那麼既然前者在我的積分表上顯示是 **arctan(*x*)**,後者就應該是……

唔……

查查我的筆記⋯⋯

嗯好，上網查一下⋯⋯

啊，我早就應該猜到了⋯⋯

是 $\frac{1}{6}(-\log(x^2-x+1)+2\log(x+1)+2\sqrt{3}\arctan(\frac{2x-1}{\sqrt{3}}))$ 。

噢，《標準數學表》真的扭轉了局面。

如果微分是一棟政府大樓，有光亮的官僚燈火和標籤工整的會議室，那麼積分就是遊樂園裡的鬼屋，裡面滿是詭異的鏡子、隱藏式樓梯和突然打開的活板門，沒有什麼可讓你安全通過的十全十美守則──只有一堆五花八門的零散工具。

數學家奧格斯德斯・笛摩根（Augustus De Morgan）用詩意的華麗詞藻這樣說：

> 常見的積分只是微分的記憶。影響積分的不同詭計是變化，並非從已知變未知，而是從將對我們無用的記憶形式，變成那些將會有用的形式。

看第一眼時，初學者不知道該怎麼做 $\int\frac{4x^3+4x}{x^4+2x^2+5}dx$。但在進行了「變數變換」（一種基本的積分技巧）之後，這個傷腦筋的難題就會變成稍微不麻煩的 $\int\frac{du}{u}$，任何一個常見積分表中都找得到。沒有什麼事真正改變了：改變的只有所用的語言，變數的名字。

解法就是去改變你的參考坐標系，變成那頂帽子。

費曼在高中物理課堂上坐在教室後面角落自學積分，從未學過一些標準技巧，反而從人跡罕至的地方收集工具：像「對積分式進行微分」

這樣絕妙但少有人教的計策。

　　費曼獲得諾貝爾物理學獎後曾寫道：「我三番五次使用那個該死的工具。」

　　費曼在麻省理工學院和普林斯頓大學時，同儕會拿他們解不了的積分來找他。費曼往往就靠著那個功能強大的技巧，解出這些積分。他寫道：「求積分讓我大大出名，只因為我的工具箱和別人不一樣。」有了導數，人人都能跳同一套編舞作品，但積分適合展現個人風格。

　　二次世界大戰期間，費曼加入前往洛斯阿拉莫斯國家實驗室（Los Alamos National Laboratory）的科學家行列，他在不同的部門間調來調去，熟悉竅門，覺得毫無用處。有一天，有個研究員拿一個積分給他看，這個積分已經讓他們的團隊苦思三個月不得其解。費曼於是問道：「你們怎麼不用對積分進行微分的方法呢？」半小時後，這個問題就解決了。

　　我自己從沒學過這個技巧，所以用 Google 搜尋了一下。我查到哈佛大學的數學課程 Math 55：根據維基百科介紹，此課程「可能是美國最難的大學部數學課」。修過這門課程的校友包括菲爾茲獎得主（如印裔加拿大和美國籍數學家曼朱・巴格瓦〔 Manjul Bhargava 〕）、哈佛教授（如物理學家麗莎・藍道〔 Lisa Randall 〕），以及比爾・蓋茲（如比爾・蓋茲）。前學生（及現任牛津教授）雷蒙・皮耶洪貝爾（Raymond Pierrehumbert）則是在 2006 年告訴哈佛學生校刊《Harvard Crimson》：「這當然是一種膜拜。我認為它更像是折磨，而不像一門課。」

現於康乃爾任教的伊娜‧札哈里維奇（Inna Zakharevich）有比較美好的回憶。「它讓我做我最喜歡的那種思考，拿一件我以為我知道的基本事情，思考得非常非常非常深入，」她說道。

2002 年，十八歲的札哈里維奇剛讀完費曼的回憶錄。「我不曉得對積分做微分是什麼，就去問我爸爸，然後我們討論了一般的做法。」後來在 10 月某一天，Math 55 的教授諾姆‧艾爾奇斯（Noam Elkies）給全班看一個公式：$n! = \int_0^\infty x^n e^{-x} dx$。

在數學上，「!」這個符號並不是要表示驚嘆，而是代表「階乘」運算，意思是「把從 1 到那個數的所有正整數乘起來」。

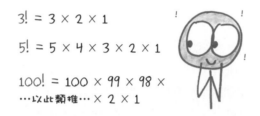

非常酷，看上去非常果斷。但就如定義所示，它非常有限：只在整數時才有意義。

18 世紀時，歐拉提出了一個定義階乘的新方法，也就是艾爾奇斯在 Math 55 課堂上介紹的那個積分。這種定義讓階乘的概念可能擴展到所有的數，讓你可以盡情地計算 π! 或 1.8732! 抑或 $\sqrt{2}$!。

$$3! = \int_0^\infty x^3 e^{-x} dx$$

$$11! = \int_0^\infty x^{11} e^{-x} dx$$

$$7.26! = \int_0^\infty x^{7.26} e^{-x} dx$$

啊，多麼棒的擴展！

　　只有一個問題：我們能確定這個新定義與舊定義一模一樣嗎？我們怎麼知道兩種定義對於 3 和 11 這樣的數是相同的？

　　札哈里維奇看著艾爾奇斯很標準地論證這個等式：舉步維艱地反覆應用**部分積分法**。在這個例子中，它是個普遍存在、相當沒有效率的技巧。札哈里維奇回憶說：「我很挫折，因為它真是個很難看的證明。」

　　她一向是順從的學生，那天小考時把飽經風霜的代數過程照搬一遍，但在背面，她利用費曼最喜歡的技巧，寫下了另外一個證法。她解釋說：「我真的很希望艾爾奇斯以後知道這個方法。」札哈里維奇在她的證明中，先引進了一個新的參數，然後對這個參數取導數，最後再讓它躲回暗處——我在下面重演一遍這個證明，目的無他，純粹裝飾罷了。這種技巧好比有個路人幫忙你換掉爆胎，然後你還來不及道謝，人就不見了。

$$\int_0^\infty e^{-x}\,dx \;=\; 1$$

當然，標準答案

$$\int_0^\infty e^{-ax}\,dx \;=\; \frac{1}{a}$$

好吧，但為什麼要這樣做？

$$-\int_0^\infty x e^{-ax}\,dx \;=\; \frac{-1}{a^2}$$

對a微分？

$$(-1)^n \int_0^\infty x^n e^{-ax} \;=\; (-1)^n\,\frac{n!}{a^{n+1}}$$

這麼多導數呀！

$$\int_0^\infty x^n e^{-x}\,dx \;=\; n!$$

哦！令a = 1，就一切美好了！

艾爾奇斯很喜歡這個證法。散發著身為老師的自豪，他把它貼上網，而十六年後被我搜尋到了。

她承認：「應用這個技巧其實是一門藝術，而不是科學。」

札哈里維奇！妳到底是怎麼跑進去的？

我很確定費曼會贊同。這是數學課的戰敗，數學社團的勝仗——是惡作劇方法的勝仗，對他而言，這種方法涵蓋了人生的一切事物。就拿他後來擔任加州小學課程委員一事來說，傳記作家葛雷易克寫道：

> 他建議小學一年級生學習加減法的方式，差不多要像他做出複雜積分的方式——自由選擇看起來適合所處理問題的任何一種方法。有個聽起來很現代的觀念是，**只要用對方法，答案並不重要**。對費曼來說，這種教育理念大錯特錯。他說，答案才是最重要的……比起任何一種正統方法，有一袋雜七雜八的道具會更好。

費曼喜歡炫耀自己的道具袋。有一回他向洛斯阿拉莫斯的同事挑戰，要他們在 10 秒內隨便講出一道題目，他承諾可以在不到 1 分鐘裡算出準確度在 10% 以內的答案。他的朋友保羅·奧魯（Paul Olum）要他算出 10 的一百次方的正切函數值，結果讓他的自尊心受挫，因為那需要把 $\frac{1}{\pi}$ 算到一百位小數：即使對未來諾貝爾獎得主來說也太多了。

費曼還有一次誇口說，只要是能用傳統「路徑積分」法來解的問題，他都能用其他技巧解出來。他擊敗了幾位挑戰者，遇到完美的勁敵奧魯才敗陣下來。費曼回憶道：奧魯拋出「這個驚人的該死積分式……他把它拆解了，所以路徑積分是**唯一的**做法！他總是這樣滅我志氣」。那是積分的樂趣和挫敗：除了保羅·奧魯之外，大概沒人擁有全部的道具吧。

亞伯特，別這樣啊！

嗯，我要把它設為0

永恆 XXI.
愛因斯坦犯了一個轟動宇宙的錯誤。

# XXI.

# 他的筆輕彈一下，
# 萬物就一筆勾銷了

1917 年，亞伯特・愛因斯坦（Albert Einstein）已經打響了名號：特別是「愛因斯坦」這個大名。他算出原子的大小，確立質量與能量的等效性，開展量子物理學，塑造了一種很適合稱為「捲髮新星」的髮型。他有不同凡響的履歷，但他最引以為豪的成就，毫無疑問是他的廣義相對論。它是個獨特優雅的方程式，是迷幻松露的宇宙幻覺體驗，是對牛頓力學的一記正面迴旋踢。它是一種十分古怪的現實，古怪到《紐約時報》擔心它可能讓眾人「連九九乘法表」都產生懷疑。而且它完全仰賴一個單純的見解：宇宙不是一個讓恆星與行星定居其中的盒子；在有物質存在的情況下，宇宙會彎曲，會變形。

該做個想像實驗了。想像我正坐在樹樁上打發時間，看著一束光以每秒 3 億公尺的定速閃過，同一時間，假設你以每秒 2 億公尺的極速從我身旁經過，追趕那道光束。

光遠離我的速率，與遠離你的速率，哪個較快？

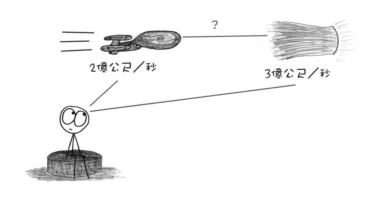

2億公尺／秒

3億公尺／秒

　　這是陷阱題！光速是個普適常數，恆等於每秒 3 億公尺（30 萬公里），不會因任何人而異，絕對不會——就連超高速的你也不例外。會發生改變的，反而是某種比較柔軟、易受影響的東西：空間與時間的結構。從我坐著的樹樁位置，光束用 3 秒鐘就拉開了領先你 3 億公尺的差距，而從你在星艦企業號上的位置，這件事只需短短 1 秒就做到了。因此，我的懷錶比你的懷錶快了 2 倍。

　　運動改造了時間。

　　已經出現幻覺了嗎？那就準備進入下一階段：物質也會改造時間。舉例來說，太陽不只像一顆保齡球般安坐在盒子裡，而是像床墊上的保齡球，重壓在這個結構上，使周圍的時空區域變形。因此，一顆行星繞行恆星或一顆蘋果掉落地面時，它並非處於某個無法解釋的牛頓引力束縛中，而只是沿著阻力最小的路徑，通過彎曲的四維地貌。

　　物理學家約翰・惠勒（John Wheeler）說：「物質告訴時空要如何彎曲，彎曲的空間告訴物質該如何運動。」

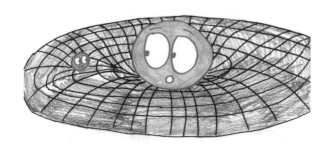

　　所有這一切都在 1915 年 11 月，以愛因斯坦場方程式（Einstein field equation）的形式成形。物理學家卡洛‧羅維里（Carlo Rovelli）寫道：「這條方程式可以寫成半行，但在方程式裡有一個熙熙攘攘的宇宙。」它預測，光線在很重的物體附近會彎曲，從山谷移到山頂之後時間流會膨脹，重力波可在宇宙中傳播，巨大恆星可能會崩陷成奇異點（後來稱為「黑洞」）。羅維里寫道：「一連串幻影似的預言，有如瘋子的胡言亂語，但事實證明全都是對的。」

　　然而，即使新的預言像魔杖召喚出護法一樣從這條方程式產生出來，愛因斯坦仍不滿足。沒錯，廣義相對論可以描述繞行的行星和彎曲的光子，但那些都是有限大、有界限的系統，只是宇宙的許多片段。愛因斯坦在給同事的信中寫道：「相對概念是否能遵循到底，抑或是否會導致矛盾，是亟待解決的問題。」現在他追尋的是這個或任何一個露天遊樂場的最大獎，最大隻泰迪熊。

　　廣義相對論可以模擬整個宇宙嗎？

　　這是符合積分精神的問題，從「許多很小的重要事物」跳到「一整件大事情」。事實上，它還真的牽涉到積分；儘管 1917 年的那篇著名論文採取了不同的研究方法，但到 1918 年，愛因斯坦已經發現自己其實是在做積分。他屬意這個架構。他寫道：「這個新的表述有個很大的優點，就是那個量……出現在基本方程式裡的時候會是個積分常數。」

是什麼量？我們就快要說到了。首先，積分常數是什麼？

如果去問正在學微積分的學生，他會告訴你那是每個不定積分後面很討厭的 +C。它是一個符號記法的華麗裝飾，與你正在算的那個積分式不相干，但按照某個模糊不清的規定，你萬萬不可忘記加它，以免被你的小官僚作風老師扣分。

這個常數是從哪裡冒出來的？呃，就如我們在前面討論過的，積分與微分是相反的運算過程。要做積分的時候，我們會看著一個函數問：這是哪個函數的導數？

假設有一個人以沉穩的步伐每小時跑 7 英里。他的速度函數圖形看起來會像這樣：

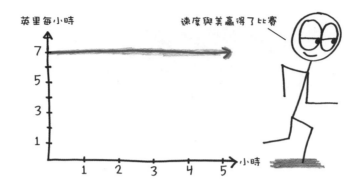

它的積分——也就是位置函數圖形呢？呃，以下是其中一種可能：

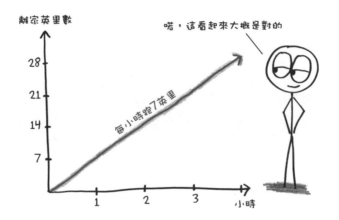

　　但這等於是假定跑步者在中午的時候從家裡出發。我們實際上不知道跑步的起始點，也許是離家 1 英里，或 2 英里，或 7 英里，又或者是另一頭的 3.5 英里，因此在 12:30 時會經過家門口。

　　位置函數有無窮多個，每一個除了所加減的某個固定距離不同外，都是一樣的。它可能是 $7x$，或 $7x + 1$，或 $7x + 2$，或 $7x + 3$……

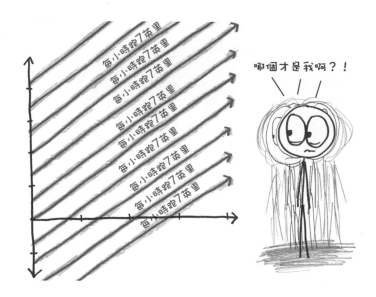

　　現在我們要用一個簡單的公式 $7x + C$ 概括整個家族，而不是列出無窮多種可能，因為這樣可能會耽擱晚餐的時間。式子裡的 C 就是一個積分常數，是「隨便任何一個數」的簡略說法。它一下子就能把一條曲線，變換成一個無限大家族，這種精簡讓人很容易忘記它的存在，但也是它功能強大且意義深刻的源頭。

　　好啦，愛因斯坦並沒有忘了加這個常數。我的意思是，別鬧了，我們講的是有史以來放棄使用梳子梳頭髮的最偉大科學家之一。

　　不，他犯了一個更為刻意、更加驚人的錯誤。

　　愛因斯坦在 1917 年的那篇論文中寫道：「我將帶領讀者走過我所走的路，一條相當崎嶇曲折的路。」他確實像是在一個單行道迷宮中穿梭，在每個數學轉角受到挫敗。他的首次嘗試和關於宇宙的已知事實相牴觸，再次嘗試時，他必須指定一個「正確的」參考坐標系，有違「相對性」的整體精神。而某個同事建議他的第三個途徑，「對解決問題不帶有任何希望，等於是放棄」。他的那個著名方程式就是沒給他足夠的靈活性。

　　到最後，愛因斯坦只能引進一個積分常數 Λ，來挽救他的模型。那個符號是大寫的希臘字母，讀作「lambda」；愛因斯坦實際上是採用小

寫字母 λ，或許在表達他對它的不尊重。無論大寫還是小寫，反正都是
宇宙常數。

　　這是十分站得住腳的數學步驟，也是必要的一步：沒有 λ，這個模
型就失敗了。它預測出的宇宙要麼正在收縮（如果周圍有許多物質），
要麼正在膨脹（如果物質沒有很多），要不就是完全沒有物質存在（這
樣的宇宙大小會保持不變，但卻是以一種哀愁、空虛的方式來保持）。
唯有賦予 λ 一個經過微調的特定值，才能讓愛因斯坦描述出他所知道的
宇宙：一個含有物質，大小又保持不變的宇宙。

　　不過，愛因斯坦心裡仍充滿矛盾。整篇論文讀起來有點像是在為 λ
辯解。他把它視為理論的瑕疵，不雅的麻煩事。它非存在不可，讓他感
到沮喪，彷彿車子的引擎蓋上需要放個裝飾，引擎才會正常運轉。

　　事情就這樣過了十年或更久。後來到 1929 年，天文學家艾德溫·
哈伯（Edwin Hubble）傳來大新聞。事實上，若用立方公尺為度量單
位，它是有史以來最大的新聞。

　　過去人人稱為「宇宙」的東西，並不是宇宙，它只是我們的銀河
系。夜空中那些模糊不清的螺旋星雲，其實是其他的星系，涵蓋範圍與
我們的銀河系差不多，但距離我們幾百萬光年遠，其中的大部分星系甚
至離我們越來越遠。因此，宇宙不但比過去想像的廣大得多，而且每一
刻都在擴張，眾星系就像一條發酵膨大的麵包上的葡萄乾般彼此分離。

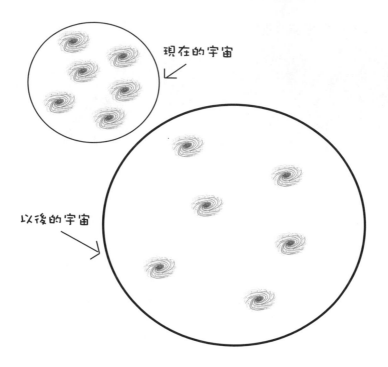

現在的宇宙

以後的宇宙

　　宇宙在擴張，代表 λ 現在可能等於 0 ——儘管不一定為 0。對愛因斯坦來說，這就夠了。他沒有一絲猶豫或感傷，就把 λ 給拋棄了，說它「在理論上不夠好」，聲稱它等於 0。（有趣的巧合：愛因斯坦在分手時真的很令人討厭。）他後來寫道：「如果哈伯的擴張在廣義相對論創生時已經發現，這個宇宙成員根本就不會引進。」根據友人喬治·加莫夫（George Gamow）的說法，愛因斯坦對他吐露「引進宇宙項是他一生最大的錯誤」。

　　有些人會說，他把自己未能預測宇宙在擴張歸咎到 λ 若能預測出這件事，對廣義相對論來說應該會像王冠上的明珠般珍貴。不過，沒有什麼證據顯示他作此感想。他冒險踏入宇宙學時所抱持的目標很狹小，就只是想證明廣義相對論可以建構出一個一致的模型，而且從未惋惜那個「錯失的預言」。說得更準確些，他對 λ 的耿耿放懷，似乎源自一種寧可積分常數應該為 0 的美學傾向，有點像那些堅持孩子不該被看見、被聽聞的人一樣。

　　無論他口出「最大的錯誤」此評語的理由為何，真正的錯誤是評語本身。

　　1998 年，有新的發現指出，宇宙不只正在擴張，而且是在加速擴張。僅此一舉，就讓休眠了半個世紀的宇宙常數甦醒過來，甚至以大寫字母的面貌回歸。現在，看樣子 Λ 終究不為 0：它描繪了「暗能量」的存在，這是一種占據了空蕩蕩的空間、對抗著重力的特殊存在感。根據現有的了解，宇宙中大約有 68% 是暗能量。

　　愛因斯坦的積分常數，並非束之高閣的錯誤。毫不誇張地說，它是三分之二個宇宙。

　　從來沒有人說愛因斯坦是不會犯錯的數學家，愛因斯坦本人就更不用說了。他在寫給一個十二歲筆友的信中說道：「別擔心你在數學上遇到的困難。我可以告訴你，我遇到的困難比你還要大。」有一本題為《愛因斯坦的錯誤》的書（千萬不要有人寫出一本書叫《歐林的錯誤》啊），聲稱他的論文可能有兩成包藏著重大錯誤。捲髮新星先生對這種事處之泰然，自我解嘲說：「從未犯過錯的人，不曾嘗試新的事物。」

　　積分常數正是如此。它們很容易被忽略，很難解釋，有時候還真的為 0。在其他時候，它們把極重要的資訊編成密碼。初學者有可能忘記加上積分常數，相形之下，專家會記得，後來又回頭把它刪掉，堅稱它始終必須為 0。

　　我不知道你怎麼想，但在我來說，愛因斯坦的故事讓我很感激能有這種彎曲、擴張的宇宙迷幻體驗，在這當中，就連常數都在述說著關於變化的故事。

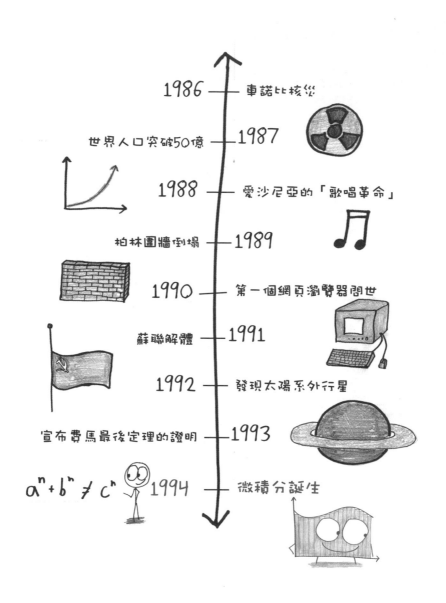

永恆 XXII.
20世紀晚期的幾個關鍵發展。

# XXII.
# 1994 年，微積分誕生了

公元 1994 年 2 月，研究人員邰瑪琍（Mary Tai，音譯）在醫學期刊《糖尿病照護》（*Diabetes Care*）上發表了一篇文章，題為：〈測定葡萄糖耐受性及其他代謝曲線下總面積的數學模型〉。

聳動的釣魚式標題，沒錯，我知道，但容我把話說完。

每當吃進食物，糖分就會進入血液，你的身體可以從任何食物製造出葡萄糖，就連菠菜或牛排也可以，正因如此，「歐林減肥法」選擇跳過中盤，只規定吃肉桂捲。不管吃什麼，你的血糖濃度都會升高，然後在一段時間後回復正常。關鍵的健康問題在於：血糖會升高多少？下降得多快？以及最重要的，它呈怎麼樣的變化軌跡？

「血糖反應」不只是某個高峰或某段持續時間，而是累積了無數微小瞬間的完整故事。醫生想要了解的，是那條曲線下的面積。

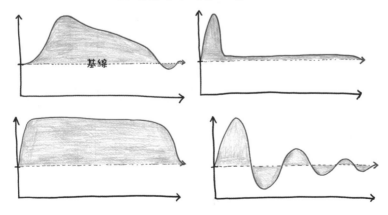

血糖濃度隨時間的變化

基線

唉，他們沒辦法借助微積分基本定理，因為那只適用於那些由井井有條的公式定義出來的曲線，而非臨床數據點連連看遊戲產生出來的曲線。面對這麼麻煩的實際情況，你需要的是近似方法。

這就是邰瑪琍的論文發揮作用之處。論文中解釋：「在邰瑪琍的模型中，計算曲線下的總面積的方法是把曲線下方區域分割……成許多小區塊（矩形及三角形），其面積可從各自的幾何公式準確算得。」

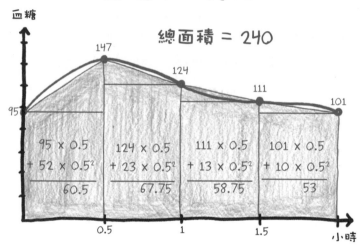

邰瑪琍寫道：「其他的公式往往會大幅低估或高估代謝曲線下的總面積。」相形之下，她的方法似乎準確到 0.4% 以內。要不是因為某個小批評，這會是很聰明的幾何做法。

這是微積分的基本知識呀。

數學家從幾個世紀前就知道，只要講到實用上的逼近，就有比黎曼矩形天際線更好的方法。尤其是可以沿著你的曲線定出一系列的點，然後再用直線相連起來，這樣就構成了一連串的瘦長梯形。

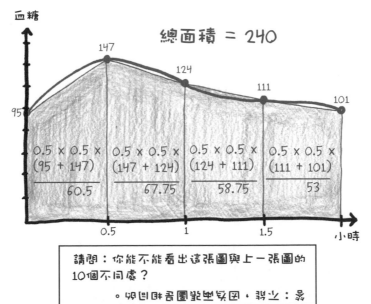

　　忘了 1994 年吧。這在 1694 年或西元前 94 年都不算新方法；古代巴比倫人已經運用這個方法，算出木星運行的距離。邰瑪琍所寫、評閱人審稿通過、《糖尿病照護》所刊登的，是一件有千年歷史的作品，是用功的大學生可當功課來做的作業。結果一切就像它很新奇似的。

　　數學家抓住機會一展身手。

　　項目 1：搖頭。有個批評者在給《糖尿病照護》的投書中寫道：「邰瑪琍誇張地把一個簡單又眾所周知的公式，當成她自己的數學模型提交出來，還以一種詳盡且不正確的方式來陳述。」

　　項目 2：譏諷。網路上有人評論：「對數學無知到極點。」還有其他幾位寫道：「好笑極了。」

　　項目 3：和解。論文曾遭邰瑪琍批評（結果發現她是根據錯誤的理解去批評）的某位糖尿病研究人員寫道：「這件事的教訓就是，計算曲線下的面積看似困難，其實不然。」信末帶著和解的味道：「恐怕我可能要對引發騷動負責。」

　　項目 4：機會教育。有兩位數學家反駁邰瑪琍堅持認為她的公式非

關梯形，而是和三角形與矩形有關。他們甚至為她畫了一張圖：「正如下圖所示⋯⋯小三角形與相鄰矩形構成一個梯形。」

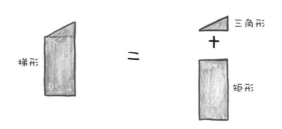

項目 5：反思。有人回應一篇奚落的部落格貼文時評論道：「身為自滿的物理學家，我確實覺得這很可笑，但我不禁認為，這篇貼文讓我們的面目比他們更猙獰⋯⋯我很確定你可以找到許多物理學家，針對醫學或經濟學說過極為天真的議論。」

為何我們不讓數學博士行醫

不論好壞，數學研究人員也以重複發明著稱。大名鼎鼎的亞歷山大・格羅滕迪克（Alexander Grothendieck）讀研究所的時候，曾自己重複造出勒貝格積分，不曉得他是在再現舊有的成果。

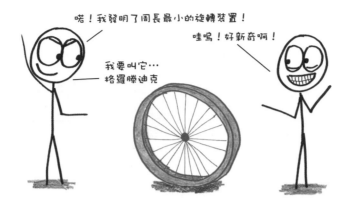

　　據邰瑪琍表示，她並不想吹噓自己的方法。她寫道：「我從未想過把這個模型當成重大的發現或成就去發表。」然而同事們「開始採用，而……因為研究人員無法援引未發表的研究，我就應他們的要求提交期刊發表」。她只是想與人分享自己的思路，促發進一步的探究。

　　哎呀，在學術界，發表不光是分享資訊，它更像是在表達**我知道這件事**的一種說法。它也是一種記分板，在宣告：**嘿，我知道這件事，因為是我發現的，所以請給予好評。謝謝大家，晚安。**

　　這個論文發表制度有缺陷。數學家伊莎貝拉・娃芭（Izabella Łaba）寫道：「我們最重要的基本交流單位是研究文章，這是相當大的單位：實際情況是，我們必須先做出一個新的、有趣的、有意義的研究結果，

才能有可投稿的內容。」

　　娃芭把這比作最小面額為 20 美元紙鈔的經濟體。在這樣的世界裡，有誰可以辦自製糕點義賣活動？要麼你不得不說動大家花 20 美元買一堆鬆糕，要不就是必須免費贈送。邰瑪琍選擇收取 20 美元，不過這兩個選項都不大好。娃芭寫道：「我們應該讓面額較小的紙鈔流通，應該要能提供較小的貢獻——好比說在實質性部落格留言的規模上。」

學術界現有的

學術界需要的

　　積分不是數學家專用的。水文學家要用積分估算地下水中汙染物的流動；生物工程師要用積分檢驗肺機械力學的理論；經濟學家要用積分分析一個社會的所得分配偏離分配均等狀況的程度。積分是屬於糖尿病研究人員和技師的，是屬於精神不正常的俄羅斯小說家的，是歸要找出

曲線下的面積，也就是無窮小片段無窮總和的任何人及每個人所有的。
積分就像滿是釘子的世界裡的鐵鎚，並非鐵鎚製造者專屬。

　　不過，教微積分的老師，譬如你面前這個靦腆惆悵的作者，就有可
能出錯。我們強調反導函數的方法——只適用於理論情境，也就是所討
論的曲線有明確公式的情形。那會讓原理與抽象比實用與經驗，有更優
越的特別待遇。

　　同時它也過時了。數學教授洛伊・崔佛森（Lloyd N. Trefethen）寫
道：「數值分析已經發展成數學當中最大的分支之一，而促成這種結果
的大部分演算法，都是 1950 年以來發明出來的。」至於梯形法，唉，
就不在其中了。不過，微積分這個領域雖然古老，卻仍在不斷發展，甚
至從 1994 年起的這些年裡也不例外。

永恆 XXIII.

一位道德哲學家的實驗室。

# XXIII.

# 如果痛苦非來不可

　　邊沁（Jeremy Bentham）在 1780 年宣稱：「大自然把人類置於兩個至高無上主宰的統治下。」他放棄了顯而易見的候選者（胡桃派與睡午覺），而選定**快樂**與**痛苦**為最高統治者。我想這是有道理的。從那裡開始，只要一小步就能欣然接受邊沁的結論：我們應該把痛苦限定到最低，讓快樂擴散到最大。

　　**效益主義**（utilitarianism）就此誕生了：正如每一種哲學，這種哲學比一開始出現時更令人頭痛。

　　效益主義要我們為最大多數人尋求最大益處。做 11 次背部按摩比做 10 次好，掌摑 0 張臉比 1 張臉好，很簡單。不過，如果快樂與痛苦相對立怎麼辦？舉個看似非常真實可信的例子，想像一下，由於某種不明原因，我們以踢人小腿的方式救人一命。這該如何權衡取捨？踢 50 次甚至 500 次小腿，來救一條命，這當然值得，但踢 5 萬次或 500 萬次呢？如果必須踢地球上的每一條小腿，才能救一條命呢？倘若小腿疼痛會持續 1 分鐘，那就等於全球人類要疼痛將近兩百輩子，就為了救一條命。那犧牲一個人，饒過很多人，這樣會比較好嗎？

　　一個人就該為人類的小腿而死嗎？

　　效益主義把倫理學簡化為一種數學，也就是哲學家所稱的「幸福計算法」（felicific calculus）。要判斷一個即將發生的行為，必須先量化該行為會帶來的快樂與痛苦，才能予以權衡。邊沁概述了相關的考量因素，對我們很有幫助：

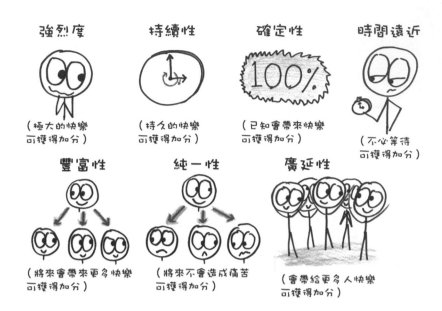

　　他還寫了一首短詩，供立法者背熟，幫助他們談論法律時記住這些指標：

> 強烈，長久，確定，迅速，豐富，純粹──
> 這等指標於快樂與痛苦中地久天長。
> 若以一己之私為目標，如此的快樂要享有：
> 若為公眾之樂，則廣為傳布。
> 無論看法是什麼，這般的痛苦要免除：
> 如果痛苦非來不可，就讓少數受波及。

　　嘿，我喜歡讀好詩，甚至也喜歡爛詩，但有一部分的我，真心希望邊沁能用更像代數課本一點的風格來寫──我從未想過我會這麼說。詩人艾蜜莉・狄金生（Emily Dickinson）曾寫道：「像應付代數一樣，處理靈魂！」

　　邊沁同意，但不肯表現得像循規蹈矩的代數老師。習題、範例、清楚整理出來的定理在哪裡？整整一個世紀後，才有一位名叫威廉・史丹利・傑文斯（William Stanley Jevons）的經濟學家嘗試利用**真正的**微積分

來發展一個幸福計算法。

第一步，他先宣告 $y$ 軸將描述情感的強烈度：

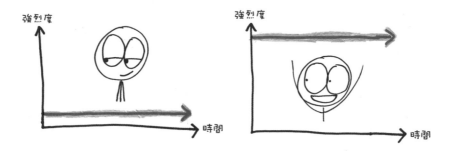

同時，$x$ 軸將表示情感的持續時間：

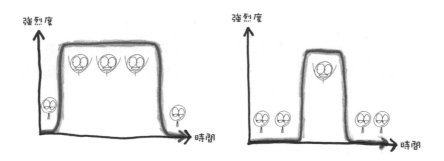

假設你正在聽流浪者合唱團（Outkast）的〈So Fresh, So Clean〉，這首歌的長度剛好是 4 分鐘，讓你保持恆定不變的「酷斃了」快樂感。因此，要計算這種體驗所帶來的樂趣，就是在做簡單的乘法，像求長方形面積一樣：

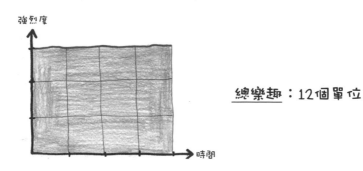

傑文斯寫道：「但如果強烈度……會隨時間變化，」——在聽不像流浪者合唱團那麼棒的團體時，通常就會這樣——「快樂感的分量就要由無窮小的總和或積分來求得。」

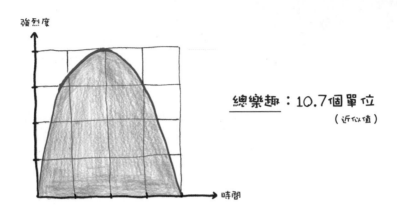

不知為何，在傑文斯的模型中，技藝高超的 2 分鐘背部按摩，居然可以「等於」還不錯的 5 分鐘背部按摩。就某種意義來說，有點尿意的 2 小時可能「等於」亟需解放的半小時。

佛洛斯特的一首詩名寫道：「幸福的高度彌補了長度的缺憾。」傑文斯把這層關係化為明確的數學關係。

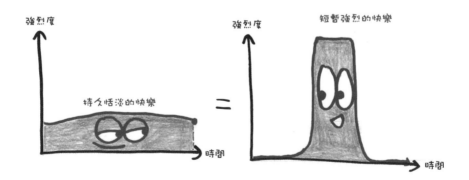

　　傑文斯還聲稱，痛苦與快樂可以互相抵銷，彼此中和。儘管有一些效益主義者不同意，認為「享樂」（hedon，快樂的單位）與「悲哀」（dolor，痛苦的單位）就像蘋果汁和橘色毛衣一樣無法比較，但傑文斯仍說，痛苦與快樂簡直「像正數與負數一樣截然相反」。

　　若說邊沁是把道德簡化為數學，傑文斯的目標就是多走一步，把它簡化為單純的測量問題。倫理學成了資料收集的練習。如果傑文斯的方案可行，做對事就像秤包裹重量或算日常總開支般容易。他保證會把我們生活中無窮多個無限短暫的瞬間，重新排列成一個積分，一個清晰的道德結構，這項成就你也許會適度稱為人類道德觀歷史上的最大突破。

　　我想，這是行不通的徵兆。

　　在傑文斯之後一百年，丹尼爾·康納曼（Daniel Kahneman）帶領的心理學家團隊，著手研究一個特別的痛苦經驗：強迫人手拉著手浸入冰冷的水中。（心理學：給社會病態人格者的社會學。）一隻手要浸入攝氏 13.8 度的水中 1 分鐘，而在另外一次，另一隻手遭受過同樣的經歷後，還要再浸入溫度會漸漸回升到攝氏 15 度的水中 30 秒。

　　結束後，他們問受試者：哪個試驗你會比較想再經歷一次？

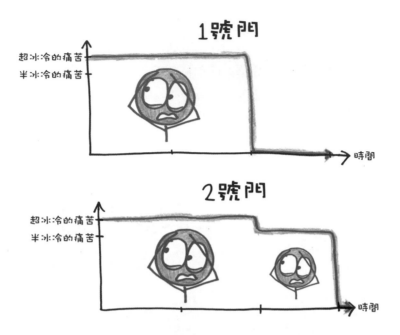

傑文斯的理論告訴我們，應該沒有人會選後者。它有第一項試驗的所有刺骨之痛，再加一點額外的刺痛。除非你是北極的哺乳動物、被虐待狂，或兩者皆是，不然的話，你應該不喜歡讓手多忍受一會兒冰冷。

然而，大部分的受試者居然選擇後者。回想一段經歷的時候，人很容易忽略它持續了多久，反而會把注意力放在**極端**與**結尾**——即最大的痛苦與最後的痛苦程度。由於第二項試驗達到同樣的極端，最後在稍微沒那麼痛苦的感覺中結束，所以受試者回想起來比較愉快。

　．情感留存於人的記憶中，並不是如傑文斯所稱的積分。情感會格外注重結尾。我想起了作家雷·布萊伯利（Ray Bradbury）的見解：「結尾普普通通的鮮明電影，是普普通通的電影；相反地，結尾非常棒的不好不壞電影，會是非常棒的電影。」是什麼因素讓故事歡樂或哀傷、憤世嫉俗或充滿希望、像悲劇或是像喜劇？就是結局，沒別的了。那正是我們為何趕赴探望臨終的親人，為何老想著最後說的話，為何一生的最後幾分鐘可以重新定義前面的八十載。

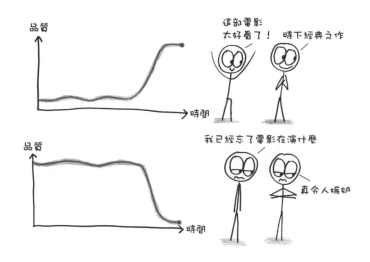

　　效益主義的基礎建立在主觀經驗，亦即人的情感，有時不太像穩固的基岩，反而像活躍的岩漿。這對把道德化為數學的夢想是嚴峻考驗。

　　即使如此，效益主義在道德領域仍是低沉有力的必要聲音。當然，我們可能會爭論什麼是「最大的效益」（「寧可成為不滿的蘇格拉底，也不要當個滿足的笨蛋，」19 世紀經濟學家約翰·彌爾〔John Stuart Mill〕如是說），或誰才能算「最大多數人」（「大部分的人都是物種歧視者，」哲學家彼得·辛格〔Peter Singer〕告誡），抑或如何把幾十億個主觀經驗凝聚成一個總和（也許托爾斯泰幫得上忙？）。我們多半會捨棄傑文斯的道德計算法，但每當設想出自己的道德計算法，譬如更符合情感現實世界複雜因素的新模型，我們就是在步傑文斯的後塵。不管明確與否，一致與否，我們都循著某種幸福計算法過生活。

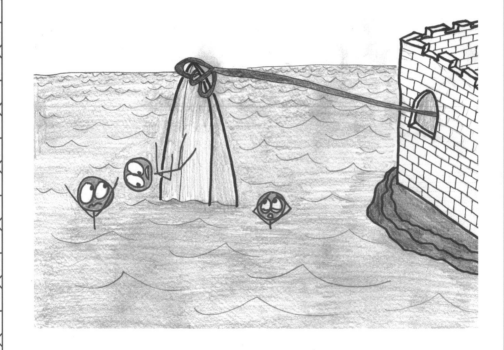

永恆 XXIV.
阿基米德之爪:可能是杜撰的,但絕對令人敬畏。

# XXIV.
# 與眾神作戰

　　你知道羅馬人吧，就是固執、沒有幽默感、「我們的大理石垃圾會在這裡永留千古」的那種人。西元前 212 年，他們的大軍來到西西里島沿岸，準備征服頑強的小城敘拉古（Syracuse）。就如歷史學家波利比烏斯（Polybius）敘述的，他們攜帶大量武器，六十艘船上「載滿弓箭手、投石手、擲標槍手」，還有四座巨型船上攻城梯。

　　但敘拉古很熟悉「既然落入羅馬的掌控，就隨羅馬人的習慣行事」（入境隨俗）這句古諺；意思就是，拚個你死我活。於是乎，敘拉古人用大大小小的拋石機，發射「巨大的石塊」、「大塊的鉛」和大量的鐵鏢。接著，大型機械爪從城牆伸出來，抓住羅馬船艦，讓這些船艦「撞向陡峭的岩壁」，「墜入……海底」。歷史學家普魯塔克（Plutarch）敘述道：「羅馬人眼見無限的惡搞擊敗他們於無形，開始懷疑自己是在與眾神作戰。」

　　甚至比這更慘。他們是在與阿基米德作戰。

阿基米德

謀士、夢想家、全明星球員

在你辦公室的史上最偉大數學家人才庫當中，阿基米德是非常牢靠的第一輪選擇。伽利略說他「超乎常人」；萊布尼茲讚揚說他拉高了天才的標準，讓後代思想家相形失色。伏爾泰寫道：「阿基米德腦中的想像力比荷馬還豐富。」阿基米德固然沒獲得數學界的最高榮譽菲爾茲獎，但若要為他辯護的話，那面獎牌上的肖像就是阿基米德。

想感受一下他的絕頂聰明嗎？來：拿個正方體，小心翼翼地把它切成三塊。

這三個圖形是一模一樣的四角錐，底部都是正方形，尖頂位於底面其中一角的正上方。因此，每個角錐必定剛好占原正方體體積的 1/3。

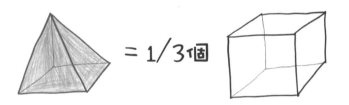

到目前為止都很乾淨俐落。但我們才正要開始呢。

取其中一個角錐，把它切成無窮多片，每片都無限薄。如果我切得不偏不倚，每個截面應該都會是完好的正方形——考量到我用普通主廚刀的時候總是笨手笨腳的，可能你會想檢查一下我用這種無限概念刀子切出來的成品。

底部的正方形填滿了整個正方體底面，最上方的那個正方形實在太小了，小到只是一個點。在這兩個極端之間，是大小介於中間的各種正方形。

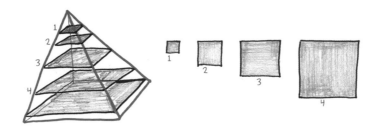

　　好，現在要加大火候了。把那些正方形想像成一疊有無窮多張的紙牌，每張都像影子一樣薄。由於重新排列不會改變整疊牌的體積，所以我們就來洗一洗牌。這些正方形目前都上下對齊其中一角，何不輕輕推一下，讓它們**居中**對齊呢？這樣就會把這個難看的不對稱角錐，翻修成一座埃及金字塔式的典型角錐。

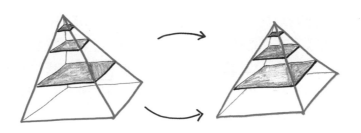

　　最棒的是，體積不會變，仍是正方體的 1/3。

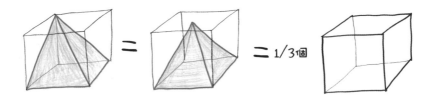

　　我們現在來到一個非常巧妙又有用的步驟，這個步驟在 1800 年後由數學家博納文圖拉・卡瓦列里（Bonaventura Cavalieri）重新發現，他們稱之為「卡瓦列里原理」以紀念他。實際上，這個方法最早是古希臘演說家安提豐（Antiphon）所創（西元前 5 世紀），尤多緒斯發揚光大（西元前 4 世紀——事實上他先提供了我要在這裡講的論證），最後在

阿基米德手上臻於完善（西元前 3 世紀——我們很快就會說到他的獨特貢獻）。為了紀念羅馬人的驚惶失措，我準備稱它「無限惡搞原理」。

　　概念很簡單。在立體形狀中，當你把截面換成等面積的其他截面時，體積並不會受影響。舉例來說，我們可以把正方形兌換成長方形。現已拉長的角錐，仍然占這個「原稱正方體」角柱的 1/3。

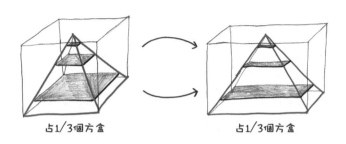

占 1/3 個方盒　　　　　　占 1/3 個方盒

　　或者，我們可以把那些正方形換成**圓形**——特級大師棋士的殘局。就先別擔心用紙筆來做這件事稱為「化圓為方」，而且就實務方面是不可能辦到的。「實務」是體操選手的事；我們在純幾何學的雲層裡滑翔穿梭就行了。因此只要想像一下，每塊正方形正慢慢幻化成圓形，它的面積永遠不變。

　　我們的角錐變成圓錐，正方體變成圓柱體，於是，圓錐占了包含自身的圓柱體積的 1/3。

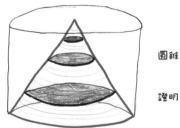

圓錐占據了 1/3 個圓柱

證明占據了 100% 的腦力

　　很酷對不對？ 2 世紀的普魯塔克極力誇讚：

在所有的幾何學中都不可能找到更複雜難懂的問題，或更簡單明瞭的解釋……再多的探究也不會成功得到證明，不過一旦看過，你會立刻相信自己早就發現了；經由如此平坦、如此快速的途徑，〔阿基米德〕把你帶往所需的結論。

儘管如此，這些幾何方面的探索根本不會讓人想到「軍事天才」。有人不免納悶：他讓羅馬人慘敗的作戰武器是從哪來的？

普魯塔克堅稱：「他設計發明這些機械，不是當成什麼重要的事務，只是幾何上的消遣。」聽起來雖然奇怪，但這是數學史的基本模式。不知怎的，沒有特定目標的異想天開總有辦法帶來日後的重大技術進展。

羅馬人雖然不怎麼重視純數學的探究，一定還是很重視把船摧毀的死亡之爪。馬塞勒斯將軍（General Marcellus）和他的大軍認清自己是電影《小鬼當家》（*Home Alone*）古代前傳當中的壞蛋，於是撤退了。

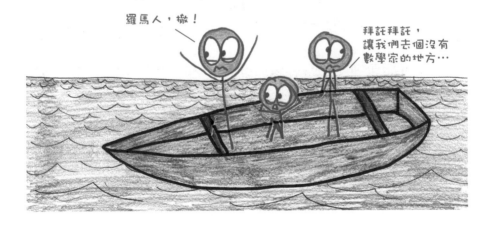

幾個月後的某天下午，阿基米德正在沙地上畫圖。我喜歡想像他是在重新思索他最愛的證明，也就是他囑咐朋友和親人銘刻在他墓碑上的那個定理。

它從一個球體開始。

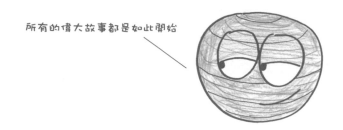

所有的偉大故事都是如此開始

我們把這個球裝進一個大小剛好貼合的圓柱體內，就像單顆裝的網球罐。

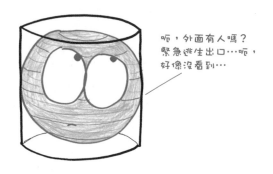

呃，外面有人嗎？緊急逃生出口…呃，好像沒看到…

阿基米德要問的問題是：**球體占了圓柱體的多少體積？**

（事實上，他問了更基本的問題：球體有多大？不過，任何一個關於大小的描述都需要提及它與某個已知大小的關係，例如我的身高大概是 $5\frac{2}{3}$ 個事先存在且稱為英尺的單位，而這正是圓柱體發揮作用之處。）

首先，把整個形狀切成兩半。所以，現在我們沒有罐裝的單顆網球了，而是放在曲棍球餅內的半球。

現在我們準備把注意力集中在半球**以外**的體積，而不是為半球**內部**的體積操心。本著無限惡搞的精神，我們可以把這個區域想成一疊呼拉圈或墊圈，每一個都是中間挖了圓孔的圓片。

在這一疊的底部是超級細的墊圈，它的圓孔占了整個圓面，只留下一條像細繩似的環。同時，頂端是超級粗的墊圈，差不多就像有個針孔的完好圓盤。兩者間是圓孔大小介於中間的一系列墊圈。

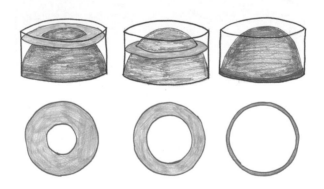

這些形狀的面積有多大？穿插運用一點熟練自如的代數，我們推導出每一個的面積為 $\pi h^2$，$h$ 是它離地的高度。

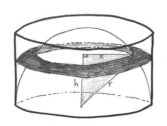

$$\text{面積} = \pi r^2 - \pi x^2$$
$$= \pi r^2 - \pi(r^2 - h^2)$$
$$= \pi h^2$$

這表示搬出無限惡搞原理，我們就能把每個墊圈換成半徑 $h$ 的圓。

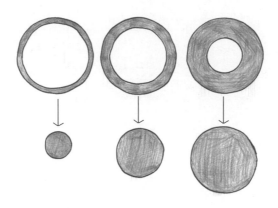

唔！現在剩下的不再是奇怪的半球形凹坑，而是單純的倒立圓錐。

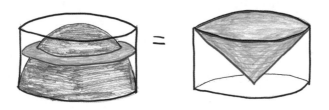

我們在前面已經證明過，圓錐占了圓柱體積的 1/3，因此留空的空間，也就是先前的半球體，占了 2/3。

結論：球體占了圓柱體積的 2/3。

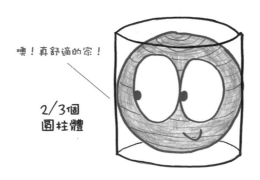

透過西西里島沙地上的這些圖，阿基米德提前幾千年就在幻想積分。面積與體積，無限多段切片，解決連續性與曲率問題的重新排列：這些都是後來會發展成積分的化學要素和原始湯。那為什麼世界會等這麼久才看到微積分誕生呢？

那天，羅馬攻破了敘拉古城，幾小時內，整座城陷入火海，士兵胡作非為，四處劫掠打殺。歷史學家李維（Livy）寫道：「許多暴行是殘酷無情且貪得無厭的。」然而，羅馬統領馬塞勒斯堅持不要傷害那位偉大的幾何學家，「在挽救阿基米德方面給予的榮耀幾乎等同於摧毀敘拉古的光榮，」另一位歷史學家說道。

阿基米德甚至沒注意到城已淪陷。比起沙地上令人入神的圖形之美，一點劫掠和破壞算什麼呢？

對於阿基米德在一個羅馬士兵出現在他面前時說了什麼，歷史學家看法不一。有的說他請求：「請不要弄亂我畫的圓。」有的說他氣勢洶洶地咆哮：「朋友，不要靠近我的圖。」也許他用手保護沙地，彷彿他的想法比生命更寶貴：「他們有種就衝著我來，不要動我的直線！」無論如何，所有的資料來源一致同意他被那名士兵殺害了。他的鮮血填滿了他手指勾畫過的溝紋。馬塞勒斯將軍堅持要好好安葬，以厚禮和恩澤向阿基米德的親人致敬。但無限惡搞的人死了。

如今，阿基米德留給後人的最偉大功業不在於拋石機和機械爪，而是幾何學。他的清晰論證，他對無限的理解，以及他接近微積分的程度。若再多推一下，有可能把他帶到微積分嗎？微積分有可能提早幾千年出現在地球上嗎？

想想數學家艾弗瑞・諾斯・懷海德（Alfred North Whitehead）的如下聲明：

　　阿基米德死於羅馬士兵之手，象徵著等級最高的世界變化：熱
　　愛抽象科學的希臘人在歐洲世界的領導權，被講求實用性的羅
　　馬人取代了。

實用性沒什麼不對。或是有錯？ 19 世紀的英國首相班傑明・迪斯

雷利（Benjamin Disraeli）把重實際的人解釋為「實踐自己祖先所犯錯誤的人」。照懷海德所說，這正是羅馬人做的事。在那個戰勝的文明中，遍尋不著被擊潰文明富於想像的活力。

> 他們的所有發展都限於次要的工程技術細節。他們算不上夢想家……沒有羅馬人因為全神貫注沉思數學圖而丟了生命。

幾個世紀後，敘拉古當地人幾乎已遺忘阿基米德留傳後世的功業時，作家西塞羅（Cicero）啟程尋找他的墓。他在「木莓與荊棘灌木叢間」找到它：「依稀可見一個很小的圓柱體，從矮樹叢突出來。」讓他辨認出墓碑的是上面的雕刻：一個球體和一個圓柱體，正如阿基米德的囑咐。墓早已失去蹤影，但那個證明仍銘刻在我們共同的想像力中——這是比塵土、血跡或所有古羅馬石造建築留存得更久的媒介。

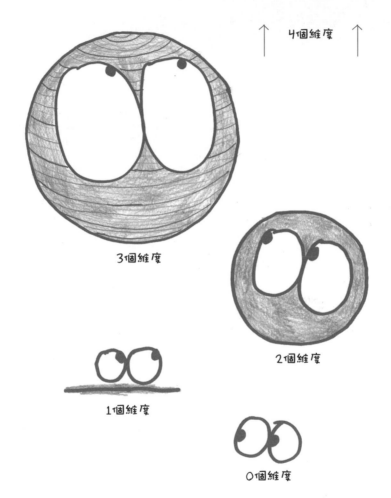

永恆 XXV.
每個維度對下一個都感到疑惑。

# XXV.
# 來自看不見的球

　　《平面國：向上而非向北》（*Flatland: A Romance of Many Dimensions*）裡的世界，並非徒負虛名。這部出版於 1884 年的經典中篇小說，情節背景是平面的：比美式鬆餅平整，比紙張還平坦，比麥可·貝（Michael Bay）執導的電影裡的女性角色更扁平*。那是個二維的世界，具備長度與寬度，但沒有深度。然而，世界裡的居民，如三角形、正方形、五邊形等，感受不到失去的維度。事實上，他們就像在堪薩斯州土生土長的堪薩斯州人，或德州的德州佬，無法想像自己生活的世界以外有其他世界存在。

　　直到某一天，來了一位很奇怪的訪客。

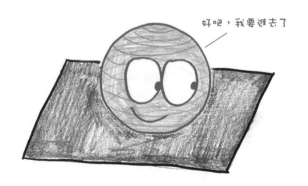

好吧，我要進去了

---

* 譯注：麥可·貝的代表作品包括《絕地戰警》（*Bad Boys*）、《絕地任務》（*The Rock*）、《世界末日》（*Armageddon*）、《變形金剛》（*Transformers*）等。

起初，這顆球看起來只像是一個不知從哪冒出來的點。接著，當它穿過平面國的時候，我們的敘述者（名叫「一個正方形」）看到了一個越變越大的圓形。

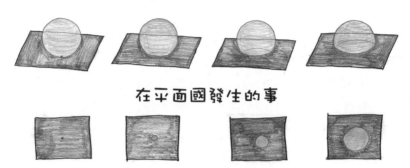

實在太奇怪了！想像一下，如果某個傢伙穿門而過，且穿越時身高從 120 公分變成 180 公分，你會作何感受。（也許你會像每次要教九年級的我。）於是，一個正方形查問這究竟是怎麼回事，不過只得到費解的答覆，就像這個：

> 你稱我一個圓形；但實際上我不是一個圓形，而是無窮多個大小不一的圓，小到一個點，大到直徑 13 英寸，一個圓疊著另一個圓。在我像現在這樣穿越你所生活的平面時，就會在你的平面上弄出一道截痕，你把它稱為一個圓形是非常正確的。

在這段怪異又迂迴的說法中，這個球體透露了一種想像球的本質的方法。球是無窮多個圓盤堆疊成的，這些圓盤各有不同半徑，而且都是無限薄。了解球體，就是把所有這些小圓形合成、加總成單獨的一體。
　　一個球是無數個圓的積分。

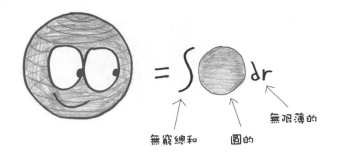

如果你領教過第一學年的微積分課，那麼你已經遇過這個概念了。這是最終極的課題，是一種讓立體的觀念做特殊旋轉的數學。

（補充一下：如果你喜歡英文裡的雙關語，上段中最後一句裡「旋轉」的英文 spin 也有「粉飾」的意思。）

首先選個平面的二維（two-dimensional, 2D）區域。接著，讓它繞軸旋轉，好比一面堅硬的旗子繞著旗杆快速旋轉。這個區域繞轉過的空間形成一個三維（3D）物件，稱為「旋轉體」（solid of revolution）：

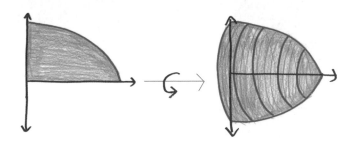

這個有如拉坯製陶的過程，把二維區域精心製成了三維區域，讓平面國變成空間國。如果你想知道我們創作出來的陶器的體積，方法很簡單，只需把這個立體分析成無限薄圓盤的堆疊成品，然後再做積分。

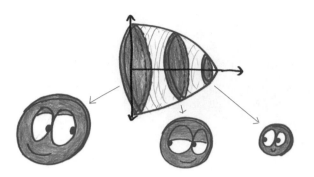

　　要算出這個球形入侵者的體積，必須先選出適當的二維區域。什麼形狀像旋轉烤雞一般繞軸旋轉時，會產生出直徑 13 英寸的球呢？

　　動一動腦袋裡的 3D 列印機，我相信你會發現半圓可以。

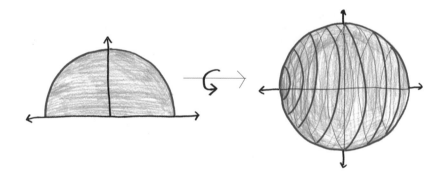

　　關於半圓的趣事：半圓裡滿是半徑。關於半徑的趣事：每個半徑都會構成一個直角三角形的斜邊。這就表示，半圓上每一個點的坐標都遵守畢氏定理。

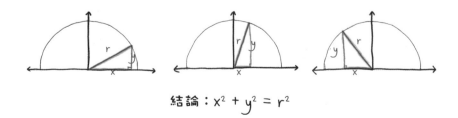

結論：$x^2 + y^2 = r^2$

經過一點代數運算，我們寫出了適當的積分式——就像任何一位周到的主人，我已經把代數運算過程藏到地毯下面了。這將會把無窮多片無限薄的圓盤加總起來，這些圓盤的半徑從 0 開始，到最大半徑 6.5，然後又縮短回半徑 0。恰似穿越平面國的那個球。

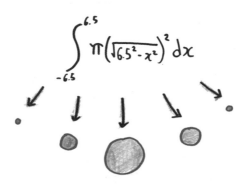

$$\int_{-6.5}^{6.5} \pi \left( \sqrt{6.5^2 - x^2} \right)^2 dx$$

我會再次替你省去代數運算細節，直接給你最後的結果，也就是那個神祕球體的體積：$\frac{4}{3}\pi 6.5^3$，大約等於 1150 立方單位。

我們已經在連續兩章裡計算球的體積了，或許你也已經注意到共通性。兩個方法一開始都是把問題切成兩半，都牽涉到無限分割，也都產生出看起來很繁複的圖形。不過，兩者品味起來有相當大的差異吧？我自己偏愛阿基米德的論證，它很巧妙高明，就這樣串連起來了，可說是一件富於技藝、獨創性甚至藝術的成果。

至於「旋轉體」的方法——呃，我不能說它讓心靈得到滿足。以一個可望具有美感的起點（旋轉！無限多層！）開始，最後卻以幾行殘酷的代數告終。這就像是從景色優美的山頂開始健行，不知為何最後走進了機場航廈，一個漂亮的謎題也因此簡化為專業知識上的習題。

這正是問題的關鍵。

我們不可能全都成為阿基米德。統計數據指出，事實上我們沒有人是阿基米德。如果要仰賴無比的聰明才智來解決問題，那我們可要等到地老天荒了。為了取得進展，必須把神祕的化為機械的、把不固定的化為固定的、把難以言喻的化為不言可喻的。

旋轉體展現這個精神。所有人現在都能安然走在從前只有阿基米德

才能涉足的境地。這正是微積分的重點：為本來令人畏縮的謎題提供一套有條理的處理方法，讓每個人變成阿基米德自動駕駛儀。從正方體、圓錐到角錐和米老鼠玩偶，眾多形狀都可以透過旋轉體來分割並理解。

　　無所畏懼又不知所措的一個正方形，平面國裡的那位主人翁，會怎麼看待這一切？要記住，在故事一開始，他還看不到第三個維度，甚至無從想像。想一想他如何描述平面國的視覺生活：

> 把一枚一分錢硬幣放在空間中的其中一張桌子上；然後傾身從硬幣上方俯視。這時它看起來會像一個圓形。
> 但接下來，你把身體退到桌邊，逐步放低視線（也就迫使自己越來越像平面國的居民），這時會發現那枚硬幣看上去變得越來越像橢圓；最後，當你的視線恰好與桌緣同高的時候（於是你可說是真正的平面國國民了），硬幣看起來一點也不像橢圓，你會看到它已經變成一條直線了。

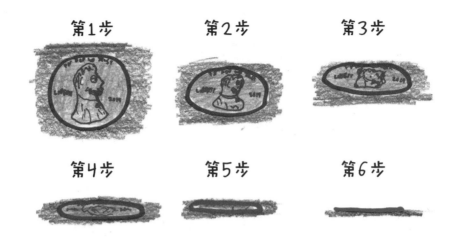

第1步　第2步　第3步

第4步　第5步　第6步

　　我們是生活在三維空間的生物，所看見的是二維景象；我們的視野就像畫布或電影銀幕。同樣地，平面國裡的二維生物看見一維的景象，他們的視域是光禿禿的地平線，上下都沒有東西。

　　那要怎麼向那個可憐的傢伙解釋第三個維度呢？在小說中，那個球形嘗試了半天都沒有成功：

　　我：閣下是否可以指點或向我解釋，我所不知道的第三個維度指向哪個方向呢？

　　陌生人：我就從那個方向來的。它在指向上面和下面。

　　我：閣下的意思似乎是它指向北和南。

　　陌生人：我說的不是那個意思。我在說你看不到的方向……為了看進空間，你的面上而不是周邊上，也就是你大概會稱為裡面的位置，應該要長個眼睛；不過我們空間國的人會說那個位置是你的面。

　　我：我的裡面要長眼睛！肚子裡有眼睛！閣下真愛開玩笑。

　　當語言和直覺都失敗了，我們只剩一個辦法。不是「大量的迷幻藥」，非也。我是指微積分。即使一個正方形對訪客的形狀無法產生出概念，他還是可以算出自己的體積。求積分不需要深度上的視覺化或親身經驗，只需要熟練的技術。

覺得有疑問，就用數學把它弄懂。

大學的時候，有個朋友向我推薦《平面國》時說它是「最接近實際看見第四維的機會」。關鍵就在小說的尾聲，當一個正方形請球形給他看四維，而不僅止於三維時：

> 正如你自己，比平面國的所有形狀高一等，把許多圓形合成一體，那麼毫無疑問，在你之上也有一個把許多球合為一體的至高存在，甚至高於空間國的立體。而且正當我們在空間中俯視平面國，看進萬物裡面的時候，必然也有某個更高、更純粹的區域在我們之上……

球形拒受對方的以牙還牙。他喊道：「哎喲！夠了！不要再討論這種無聊小事了！」

我得承認自己挺同情球形的。如果有第四個空間維度，那麼我們的三維現實世界就會構成它的無限薄片。來自四維世界的訪客會不知從哪裡冒出來，出現在房間中央，體積還會不斷變動，因為我們一次只會看見一個截面──只是無限薄的其中一層，而不是那個生物本身。

這些我說得出來，但當然像在美式鬆餅上淋糖漿一樣，無法想像。

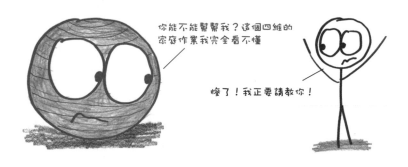

不過，在聰明才智無法生根的地方，微積分有時倒是可以。為了算出一個四維球的體積，我只需要做無窮多個三維球的積分：

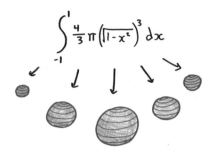

$$\int_{-1}^{1} \frac{4}{3}\pi\left(\sqrt{1-x^2}\right)^3 dx$$

這個積分花了我整整一頁的代數運算,加上好心網友指點迷津的幾則推文。但我總算做出來了。

我想起數學家史蒂芬·斯托蓋茨(Steven Strogatz)對自己學生時代的描述:

> 我就像個磨床……我靠的是蠻力,我會找方法解決問題。如果是很討厭或費勁的問題,要花上幾小時做代數運算,我並不介意,因為在真誠苦工的最後一定會浮現正確的答案。事實上,我就愛數學的這個層面,它把公正包含在內了。如果起頭是正確的,然後努力做,把每一步做對,過程也許艱苦,但邏輯會讓你有把握在最後取得勝利。解法就是你的獎賞。
>
> 看著代數的霧氣消散,帶給我很大的滿足。

那正是微積分給我們的禮物。它證實我們的宇宙公平正義感,我們對苦差事的信念,我們對於那些長時間苦工最後一定會帶來勝利的信心。在這個情況下,當霧氣消散,目光終於落到四維超球的體積時,會發現它是相當討喜的 $\frac{\pi^2}{2}$。

請留意,單位為公尺的四次方。我不知道它的意義是什麼,不過我很肯定阿基米德也不知道。而且不知怎的,這讓我感到安慰。

永恆 XXVI.

大衛‧福斯特‧華萊士擺出一個無限的手勢。

# XXVI.
# 抽象概念的
# 千層果仁蜜餅

　　這章要談一篇在 1996 年出版的兩頁附註。聽起來也許不可思議，所以就讓我掃除一下疑慮：它**真的**是不可思議。極度不可思議。這篇附註把一個棘手、仙人掌般的主題從一個了無新意的背景引進另一個——從微積分導論的沙漠，引入實驗小說的怪誕溫室。附註所出現的那本書，是大衛・福斯特・華萊士（David Foster Wallace）的著作《無盡的玩笑》（*Infinite Jest*），曾被譽為「傑作」、「令人生畏且只有少數人才會懂」、「過去三十年的重要美國小說」，以及「似乎是華萊士閃過念頭的大部頭彙編」。

　　我的問題是：華萊士為什麼會在一部小說作品，在富有熱情的夢想中，強迫自己的心靈接受這個奇想？為何偏偏要花令人透不過氣的兩頁，討論積分的均值定理（mean value theorem）？

　　均值定理對他來說，或他對均值定理來說是什麼？

---

\* 譯注：德國數學家康托（Georg Cantor）創立集合論，英國哲學家羅素（Bertrand Russell）則提出理髮師悖論來指出「有沒有所有集合的集合」的問題：小城的理髮師說他只為且一定要為城裡所有不為自己刮鬍子的人刮鬍子，那麼這位理髮師該為自己刮鬍子嗎？英國物理學家暨電子工程師黑維塞（Oliver Heaviside）作風古怪，以直覺進行論述和演算，創立向量分析學，並將馬克士威方程組改寫為今日熟知的形式。德國數學家希爾伯特（David Hilbert）發明了大量思想觀念，為形成量子力學和廣義相對論的數學基礎做出重要貢獻。德國數學家戴德金（Julius Dedekind）提出實數的構作方法「戴德金切割」（Dedekind cuts），以有理數系為基礎，只利用集合與邏輯的語言論述。法國數學家伽羅瓦（Évariste Galois）十八歲便提出群論的概念，發現 n 次多項式可以用根式解的充要條件。

　　儘管名稱有王者風範，均值定理的陳述很單純。想像你有一個量，在一段時間內會變動——上升、下降、下降、上升。均值定理描述在不斷變化之間有個魔幻的瞬間：積分值會等於總平均（或「均值」）。

　　以公路旅行為例。假設你 4 小時下來行駛了 200 英里，你的速率一直在變動。如果計算一下，會算出平均速率是每小時 50 英里。

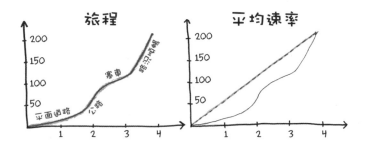

　　均值定理向我們保證，路途中至少有一個閃亮的瞬間——你的車速**剛好**是每小時 50 英里。

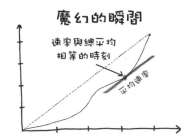

　　這真的是很簡單的邏輯。整整 4 小時你的車速都會保持在每小時 50 英里以上嗎？不會呀，那樣你就開了超過 200 英里。你會不會保持在每小時不到 50 英里呢？也不會嘛，那樣你的里程就不到 200 了。你會不會從時速不到 50 英里直接跳到超出 50 英里，完全繞過 50 英里那個時速？應該不會吧，除非你開著改裝過的迪羅倫（DeLorean）跑車。*

---

＊　譯注：在經典電影《回到未來》中，博士把一輛迪羅倫跑車改裝成時光機。

因此，我們得到這個結論：至少有一個瞬間，你的移動速率剛好是每小時 50 英里。

再舉個例子：假設氣溫一整天都在變化，譬如先升高，然後下降，又再回升。你要拿這個話題跟人尷尬地寒暄，因為「聊天氣」是你的社交程式預設首頁。

好啦，氣溫「均值」（或平均氣溫）要怎麼找？

嗯，要找幾個數值的平均，就是先把這些數值相加，再除以數據集的大小。如果最近三次測得 70、81 和 89，平均就是總數（240）除以這個數據集的大小（3），算出來是 80。但氣溫有**無限多個**數值，一天當中的每一刻都有一個值，若要全部相加，就需要一個積分式。

# 計算平均數

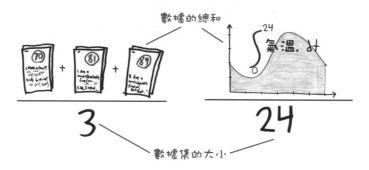

請注意，在下圖中，這個積分小於左圖裡的長方形，大於右圖裡的長方形，就像平均溫度低於最高溫，高於最低溫。

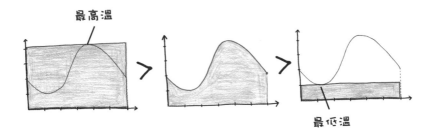

均值定理告訴我們什麼事？就只是：那一天當中的某個時刻，氣溫
會等於平均溫度。

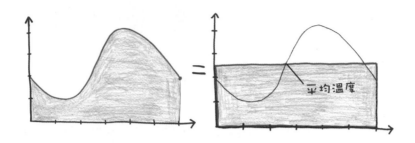

均值定理就說到這裡，現在我們把注意力轉移到華萊士身上，看看
他對這個專業的小定理有何高見。我們在《無盡的玩笑》第 322 頁，會
遇到一個名叫終末（Eschaton）的「複雜兒童遊戲」，它需要「四百顆
沒什麼彈性且差不多磨平，甚至再也不能用於發球機的網球」，每顆球
都代表一枚熱核彈頭。參加遊戲的人會分組（代表全球參與者），然後
拿到所配給的彈頭，分配到的數量透過積分均值定理來計算。

有一篇附註（我應該說**那篇**附註）會指示我們跳到第 1023 頁，在
此處，我們得知各國用來為核武軍火庫進行大小分級的相關統計量是
$\frac{國民生產毛額 \times 核武支出}{(軍事支出)^2}$。這個數字越大，核武火力就越強。不過，「終末」分
配網球核彈的依據不是**現在**的值，而是根據這個值在過去幾年間的**移動
平均**（moving average），這個數值（照華萊士筆下的敘述者所言）需要
用均值定理來計算。

好啦，如果你覺得這些東西不易理解，別擔心。事實上，沒有誰弄
得懂這些東西。

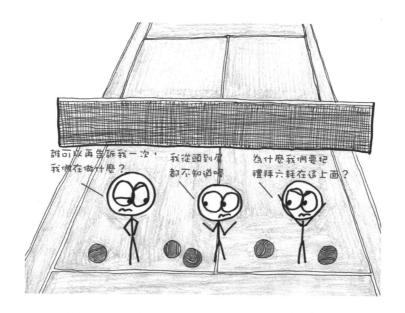

　　均值定理是所謂的「存在（性）定理」，它告訴我們，氣溫在某一刻一定會達到每天的平均值。它不是、也無法告訴我們，這一刻發生在何時何地，只是朝時間大海的方向指了指，向我們保證那根針就在無限多個時刻當中的某處。

　　我不得不把華萊士的附註多讀幾次，才讓自己相信，對，他是為了計算結果而援用均值定理，而且錯了，那是行不通的。我甚至還沒討論到那個選擇失當的統計量（為什麼要懲罰國家的非核武軍事支出？），或針對均值定理的假新聞解釋（堅稱只需要最小值與最大值就能算出平均值）。整段就像瓦尼斯基那個等級的譁眾取寵（參見第十三章）。

　　這只會加深我原先的疑問：為什麼，華萊士，到底為什麼？

　　根據華萊士所寫的文章，數學是讓他的人生敘事完整結合在一起的主線。他曾寫道：「孩提時我常編造一些會產生芝諾二分悖論（dichotomy paradox）*簡化版本的情境，然後反覆思考，思考到真的反胃想吐

---

* 譯注：亦稱「運動場問題」，這項悖論指出一運動物體在到達目的地之前，必須先到達路程的二分之一，而為了到達路程的二分之一則必須先到達路程的四分之一，依此劃分下去「一半距離」將越來越小而幾乎可視為零。因此，得出該物體的運動不可能開始的結論。

為止。」連他的網球天分也歸結到數學。他寫道:「大家把我當成某種體育專家,會使喚風與熱氣的少年巫師……回擊出帶有華麗旋轉的月亮球。」在華萊士的記憶中,他在中西部(伊利諾州厄巴納〔 Urbana 〕)的家是個巨大的笛卡兒坐標平面:

> 我在向量、直線、直線橫跨直線、格線的裡面長大——而且在我根本還不懂像積分或變化率這麼正規的事物之前,在地平線,也就是那些寬闊地理作用力弧線的尺度上……我就可以用眼睛畫出在陸地與天空交際之處,這些寬闊曲線後方與下方的區域。毫不誇張地說,微積分是輕而易舉的事。

然而,就讀安默斯特學院(Amherst College)的時候,他被人生裡的第一個數學障礙絆倒了。他寫道:「有一次我的初等微積分差點不及格,從那之後就很討厭常規的高等數學。」他闡述說:

> 大學的數學課幾乎完全在規律地攝取並反芻抽象的資訊……令人困擾的是,這些課表面上的難度會讓我們誤以為自己真的懂了一點,但其實我們只「知道」抽象的公式及其運用規則。數學課很少告訴我們,某個公式是否真的很重要,或為什麼重要,或告訴我們它從哪裡來的,或關鍵所在。

我遇過有同樣挫折的學生,這種挫折會讓其中大多數人尋求具體的例子。華萊士選擇朝相反的方向飛奔,衝向這門學科最讓人昏昏沉沉、最抽象的角落。華萊士滔滔不絕說道:「我們在數學、形上學等領域,接觸到一般人腦筋裡最怪異的特質之一。嚴格說來,這是想像出我們無法想像的事物的能力。」正如數學家艾倫伯格所評論的:「他愛上的是技巧與分析。」

成為專業作家之後,華萊士老是繞回到數學上。他在某次受訪時解釋,《無盡的玩笑》的架構是從一種叫做佘賓斯基三角形(Sierpinski gasket)的著名碎形借來的。

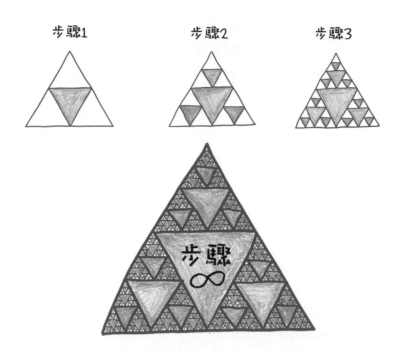

　　這種「華萊士與數學」之愛，在其著作《多於萬物：無限大簡史》（*Everything and More: A Compact History of Infinity*）中達到顛峰。這本難懂又專業的專著，談的是他最愛的近代數學分支：康托（Cantor）的無窮理論。

　　如果《無盡的玩笑》這個書名沒把話說清楚，那就明白講吧——華萊士非常愛無窮：

> 它多少是抽離實際經驗的極致。抽出具體世界最普遍存在且令人壓抑的那個特徵，也就是一切結束、受限與消失，然後用抽象的方式，想像出某個不具備這個特徵的事物。

　　我先後讀了《多於萬物》和鄭樂雋（Eugenia Cheng）的《超越無限》（*Beyond Infinity*），把這兩本書放在一起是個有趣的對照。數學研究學者鄭樂雋選擇撰寫輕鬆、非專業的科普書，用了很多親切的類比。小說家華萊士選擇栽植一片滿是令人生畏的數學符號的荊棘叢，這似乎

相當退步。哲學家大衛・帕皮諾（David Papineau）在《紐約時報》的書評中思忖道：「有人會想知道，華萊士究竟覺得自己在為誰而寫。如果他刪減部分的細節，不要告訴我們那麼多他所知道的東西，本來也可以打動更多的讀者。」

那是在苛求華萊士。他向來就是把自己知道的事情全告訴你。

在我看來，數學讓華萊士受到吸引的特性，很大程度上正是數學讓其他人反感的特性——甚至可能就是**因為**讓其他人反感，而對他有吸引力。他寫道：「近代數學彷彿金字塔，寬闊的基座往往是無趣的……數學或許是後天嗜好的極致。」

就拿均值定理的表兄，中間值定理（intermediate value theorem），來當例子好了。我的學生往往認為它是用數學贅詞美化的昭然若揭事實。用人話來說，這個定理就在說，如果你某年的身高為 152 公分，一年後 160 公分，那麼在這段期間的某個時候，你一定有 155 公分高。

這有什麼好驚訝的。

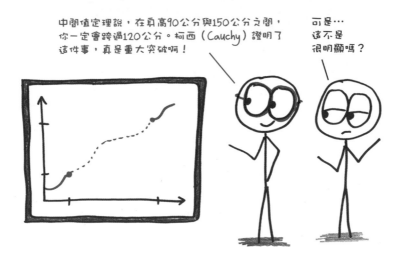

　　這個定理在教科書上是這麼說的：如果對 $a \leq x \leq b$ 的所有 $x$ 值，函數 $f$ 是連續的，且 $f(a) \leq k \leq f(b)$ 或 $f(b) \leq k \leq f(a)$，則存在一點 $c$，可使得 $a \leq c \leq b$ 且 $f(c) = k$。

　　為什麼要用這種符號海嘯，來表達一個像廢話一樣再明顯不過的觀念呢？

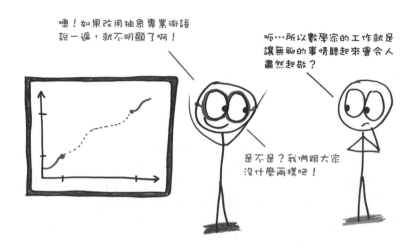

　　嗯，在 19 世紀，也就是華萊士在《多於萬物》書中探討的時期，關於無窮的新問題開始讓數學家感到煩擾。哪些總和會收斂到合理的答案？哪些不會？哪些東西我們真的知道，又是如何知道的？某個數學圈子小心謹慎地設法從零開始重新建構微積分：讓它扎根於不等式和精確的代數陳述，而不是幾何或直覺之中。中間值定理與均值定理就是在這個時候引起關注的。如果你想逐步證明微積分當中的每件事實，就必須用到這兩個定理。

　　但這是唯一正確的「數學」嗎？從阿基米德、劉徽到阿涅西的所有前輩，都只是無意間走向具解析嚴謹性的「正確」觀念，好比但丁筆下的煉獄裡，那些在基督誕生前等待時機到來的古代異教徒？

　　華萊士歌頌數學時，所指的是特定一種數學：出於偶然的歷史緣由而在 19 世紀誕生的那種數學；比較貼近分析哲學（華萊士的大學主修）而非幾何學、組合數學等諸多領域的那種數學；被華萊士稱為「抽象概念的千層果仁蜜餅」，描繪出竭盡心思的甜蜜狂熱狀態，卻遺漏了

許多學生因如此密集的技術細節變得膽怯不安，覺得它令人困惑又毫無意義的那種數學；華萊士透過一部小說來炫耀，卻錯誤百出，而小說唯一能想到的作用，只有使人困惑與欽佩的那種數學；我在大學時會喜愛，但此後毫不憐憫地離去的那種數學，因為數學家能夠欣賞的不只有它的獨特美學。

數學是許許多多思路編織出來的：有形式上的，有出於直覺的，或單純，或深邃，有片刻，也有永恆。愛你所愛的思路，但永遠不要誤認它就是整件織錦。

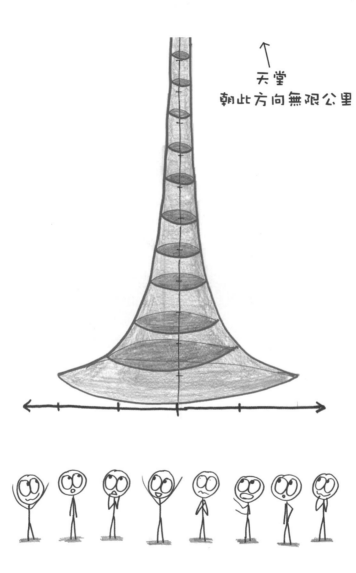

天堂
朝此方向無限公里

永恆 XXVII.
有限與無限的私下握手。

# XXVII.

# 加百列，請奏號角

　　有個古老的謎題問說，既然上帝是全能的，那麼是否能造出重到上帝自己也舉不起來的石頭。這個問題是神學陷阱，答不能，那麼就削弱了上帝的創造實力；答能，你又會小看上帝的上半身肌力。用來描繪這種矛盾的字眼是「悖論」（paradox），這是邏輯給自己造成的問題。在這種論證中，看似正確的假設由看似正確的邏輯導出看似愚蠢的結論。

　　假如你認為神學孕育出悖論，那等到你遇見數學就知道了。

　　「加百列的號角」（Gabriel's horn）是我最愛的微積分悖論之一，它得名自天使長加百列。他的號角聲帶著來自天堂的訊息，讓世間緊張不安，既是天籟又令人恐懼，既有限又無限，是凡人與神之間的橋梁。這個名稱很適合用於內在矛盾的東西。

　　若要繪製這個號角，首先畫出方程式為 $y = \frac{1}{x}$ 的曲線。距離 $x$ 越大，高度 $y$ 越小。當 $x$ 為 2 時，$y$ 為 $\frac{1}{2}$；等到 $x$ 變成 5 時，$y$ 已經降到 $\frac{1}{5}$ 了，如此繼續下去，與軸越來越近。

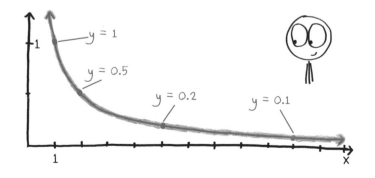

沒多久，$x$ 就變得非常大，$y$ 變得相當小。當 $x$ 為 100 萬時（應該會在差不多 9.6 公里遠處），$y$ 會降到 $\frac{1}{1,000,000}$，約莫是細胞膜的厚度。

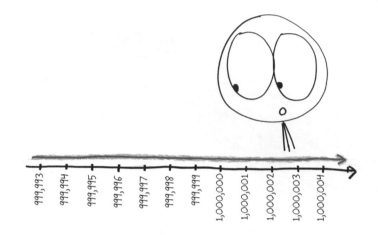

等到 $x$ 變成 10 億的時候（如果你在洛杉磯，手上拿著這本書，這個點應該會落在莫斯科附近），$y$ 會是 $\frac{1}{1,000,000,000}$。按照我的計算結果，這大概是氦原子寬度的一半。

這條曲線還會朝我們所謂「無限大」繼續延伸，永遠不會碰到軸。

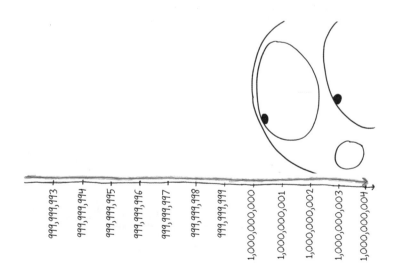

接下來，我們必須讓這條曲線繞著 $x$ 軸旋轉，用旋轉體的方式，生成一個三維的圖形。這個細長的漂亮東西，由無限多個無窮薄圓盤構成的集合體，就是加百列的號角。

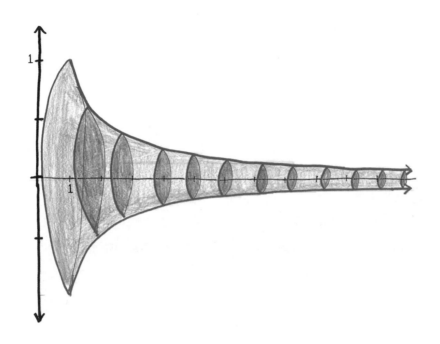

　　如同任何一個三維的物件，它容許兩種度量。首先，我們可以量它的**體積**，也就是需要多少立方單位的水才能把它裝滿。其次，我們可以量它的**表面積**，也就是需要多少平方單位的包裝紙才能把它覆蓋起來。

　　先看體積。在實體世界中，無限大的物體不可能有有限的體積；你會需要一支比原子更細的號角，這是即使有最靈巧的精細動作技能都辦不到的事。但數學存在於另一種現實世界中，像這樣的技藝在那裡是習以為常的。於是，運用一般的方法，我們寫出積分式 $\pi\int_{1}^{\infty}\frac{1}{x^2}dx$，這解出來為 $\pi$。因此，加百列號角的體積是 3.14 個立方單位左右。

接下來：表面積。寫出的積分式變得更難看些：$2\pi \int_1^\infty \frac{1}{x}\sqrt{1+\frac{1}{x^4}}\,dx$。不過，它只比下面這個沒那麼刺激的積分式稍微大一點：$2\pi \int_1^\infty \frac{1}{x}\,dx$。結果這個積分等於……呃，什麼數也不是。它的有限近似值無止境增長，又因為表面積比它大一點，所以我們斷定，加百列號角的表面積無限大。

我們現在離矛盾很近了。加百列號角的體積是有限的，所以你如果想用塗料把它裝滿，一點問題也沒有。不過，加百列號角的表面積無限大，因此如果想在表面塗漆，就辦不到了。

但是……一旦把它裝滿塗料，表面上的每一點不是就塗上漆了嗎？這兩件事怎麼可能同時是對的？

最早探究這個悖論圖形的，是 17 世紀的義大利人伊凡傑利斯塔·托里切利（Evangelista Torricelli）。他與好友伽利略和卡瓦列里一起，利用關於無窮小的新式數學，開拓出「穿過數學灌木叢的康莊大道」。卡瓦列里寫道：「我們顯然應該把平面圖形想成是像平行絲線編織出的布疋，把立體想成是像平行書頁構成的書冊。」

這些學者走私無窮總和、無限薄的要件，以及加百列的號角（也稱為「托里切利的小號」）這類新奇的玩意兒。

這是還在子宮裡亂踢的微積分。

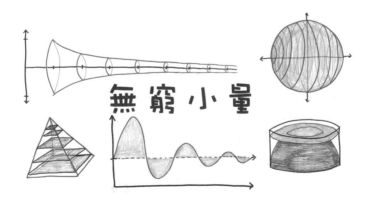

當時耶穌會在歐洲各地創立讓人景仰的大學體系，不只是好學校，還是**天主教**學校。其中一位主事者說：「對我們來說，修課與學術訓練是一種用來摸索靈魂的釣鉤。」數學在這種課程中扮演了很重要的角色。名叫克拉維斯（Clavius）的耶穌會教士說：「毫無疑問，數學訓練要擺在所有學科的首位。」*

　　但不是隨便哪個數學：必須是歐幾里得的數學。歐氏幾何透過清楚的邏輯來開展，從不證自明的假設推到某些結論，沒有任何障礙或悖論。克拉維斯說：「歐幾里得的定理保有……真正的純粹性，真實的確信感。」耶穌會教士視歐幾里得為社會的榜樣，教宗的權威是不能辯駁的公理。

　　至於托里切利的研究成果，耶穌會教士不欣賞。歷史學家艾米爾‧亞歷山大（Amir Alexander）在其著作《無限小：一個危險的數學理論如何形塑現代世界》（*Infinitesimal: How a Dangerous Mathematical Theory Shaped the World*）中解釋說：「歐氏幾何嚴謹、純粹且絕對真確，而新方法充滿了悖論與矛盾，可能把人帶往真理，但也同樣可能帶往謬誤。」耶穌會教士認為加百列的號角是無政府主義的宣傳手段，應受絕

---

\* 譯注：克拉維斯是利瑪竇的老師，利瑪竇在明朝末年到中國傳教，並與徐光啟合譯《幾何原本》。利瑪竇在中文譯作中把克拉維斯譯為「丁先生」。

罰。亞歷山大寫道：「他們的意象是連續整體與目標的極權式理想，不留任何懷疑或討論的空間。」正如當時另一位耶穌會教士依納爵（Ignatius）所說的：「若我所見的白色之物，聖統教會判定是黑的，我將相信它是黑的。」

於是，教宗要求禁止無窮小。托里切利成了數學罪犯，加百列的號角是思想違禁品。

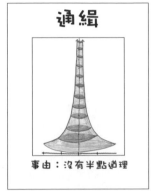

諷刺的是，這個悖論沒那麼難解決。加百列的號角怎麼可能有能夠裝滿塗料的內部，卻無法用塗料漆滿的外部？這完全取決於我們思考塗料的方式。

數學家羅伯‧蓋斯納（Robert Gethner）解釋，這個悖論基於一個假設：「表面積」相當於「所需的塗料」。但塗料不是二維的。他寫道：「如果我們打算粉刷房間……我們不會找來 100 平方公尺的塗料。」塗料就像紙一樣是三維的，它有厚度，儘管很薄。

因此，有個解決方法是：讓塗料的厚度減少，隨著加百列的號角縮窄而變得越來越薄。在這種假設下，就有可能用數量有限的塗料塗滿表面。悖論解決了。

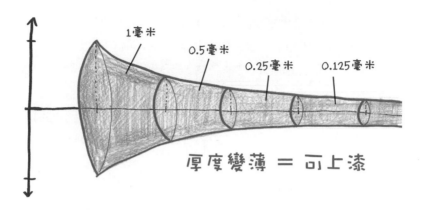

厚度變薄 = 可上漆

如果你希望採取另外一種做法的話,可以假設塗料需要某個最小厚度。(實體塗料更是如此;好比說,你無法塗抹出厚度僅 $\frac{1}{1000}$ 個原子的一層漆。)於是,這個號角會沿著軸一直縮窄到次原子尺度,但塗料不會。到最後,塗料的厚度赫然達到它所漆物品的數兆倍了,這就還原到我們最初發現的事:不可能替號角漆上塗料——但現在也不可能在號角裡**裝滿**塗料了,因為從某一刻開始,它就縮得比最薄的塗料還要窄。

在這種假設下,號角既不能上漆也不能裝滿。悖論再次解決了。

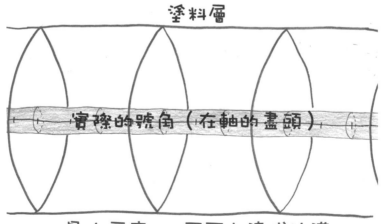

塗料層

實際的號角(在軸的盡頭)

最小厚度 = 不可上漆或注滿

　　17 世紀時的耶穌會教士是否犯了宗教上的錯誤，我無權發言，不過我認為他們犯了一個數學上的錯誤。悖論不是什麼可畏懼或要杜絕的事情，它是激勵思考的動力，是引發沉思的邀約。

　　根據商學院教授瑪麗安・路易斯（Marianne Lewis）的說法，悖論不僅出現在有霉味的神學與數學殿堂裡，還出現在企業環境中。短期目標、長期遠景、策略優先事項等「單獨考量時看似合邏輯的」要件，「放在一起看時」就變得「不合理、前後矛盾，甚至荒誕無稽」。這未必是壞事。她寫道：「悖論提供了有創造力的摩擦，了解悖論，也許就能掌握因應策略張力，甚至善於面對策略張力的關鍵。」悖論是幫助理論形成珍珠的沙粒。

　　《哥德爾、艾舍爾、巴赫》（*Gödel, Escher, Bach*）一書的作者侯世達（Douglas Hofstadter），又再推進一步。他寫道：「不惜一切代價想要排除悖論的決心……太偏重淡而無味的一致性，輕忽詭譎怪誕之處。」悖論本身就是樂趣，是沒使用顏料的錯覺藝術大師艾雪（M. C. Escher）畫作。在這裡或者更該說，是使用了無限多顏料的畫作。

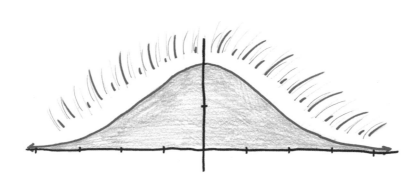

鬼話連篇又可笑

多麼有用的應用啊！

這…真是漂亮極了

2003

2012

2018

永恆 XXVIII.
傻子會變老；美麗的積分不會。

# XXVIII.
# 一個不可求解積分的
# 場景選粹

我第一次和不可能求解的積分打交道，是在十年級那年的春天。

一些十二年級生湧向走廊，他們的手臂彷彿拿著筆的八爪章魚，在一張海報上畫滿塗鴉、簽名，以及從物理老師里亞希（Riahi）那裡斷章取義出來的摘句。那是一幅雜亂無章的拼貼，滿是我看不懂的笑話、我似懂非懂的笑話，還有我非常想看懂的笑話。

在一片雜亂中，我注意到一團符號：

我指了指。「那是什麼東西？」

大衛解釋：「那是 $e$ 的負 $x$ 平方的積分。」有解釋跟沒解釋一樣。

我問：「呃，這個好笑在哪裡？」

艾比回答：「**好笑在它不可能求解。**」她說起話來往往像用喊的。

「是說……在考試的時候嗎？沒有人會解？」

他們都在偷笑。

「**哎呀，高二的第三個班**（Ben，作者名），」她在對我說話。（這是事實：若按照字母順序排列，班·科本斯〔Ben Copans〕和班·米勒〔Ben Miller〕排在我的前面。）「**真是純真感人啊。**」

巴特思忖道：「不過如果你說的『在考試的時候』是指『在大學裡』，那就算對，是在考試的時候，而且沒有人能解。」

我說：「所以是像……不可能除以 0 那樣嗎？」

大衛回答：「比較像化圓為方。」

艾比補充說：「**就像婚禮那天遇到下雨，就像有一萬隻湯匙而你需要的是一把刀。**」

艾比沒說錯。早在微積分剛誕生時，約翰·白努利（Johann Bernoulli）就談到他對於不可能積分的憂慮。他寫道：「有時我們無法很肯定地說，是否可以找到某一給定量的積分。」到 19 世紀時，分析學家約瑟夫·劉維爾（Joseph Liouville）說得斬釘截鐵：有些積分找不到。就拿 $\int \sqrt{1+x^2}\,dx$、$\int \ln(\ln x)\,dx$ 或 $\int \frac{1}{\arctan(x)}\,dx$ 來說，這些式子都缺乏俐落的解。這種情況的說法是「就初等函數而言是不可解的」。可以召來所有你喜歡的正弦函數、餘弦函數、對數函數、立方根，但不管怎麼組合這些標準代數零件，都不會產生出半個公式。它像是沒有鑰匙的鎖，沒有謎底的謎語，有一萬隻湯匙的世界裡的一塊難切牛排。

我盯著那些符號。那個彎彎扭扭的大符號，對我來說還不具任何意義。那學期剛開始時我的朋友羅茲就說過：「再過九個月我們就要開始上微積分，你知道那是指什麼吧：有人懷了我的繪圖計算機。」羅茲的笑話我懂，但四年級學長姊的那個笑話我就沒聽懂了。

快轉到八年後。

我的教學處女秀，把我帶到位於加州奧克蘭唐人街區邊緣的汽車經

銷公司舊址。在我教第三年的某一天,我給微積分先修課程班上的學生
看那個不可能求解的積分式:$\int e^{-x^2} dx$。然後我用很浮誇的方式,透露它
不可能積分出來。

艾卓安娜大呼:「爆雷!」

有幾個學生搖了搖頭。

但貝賽妲進一步逼問:「那……這條曲線下面沒有面積嗎?」

嗯——好問題。任誰都不會驚訝的是,我很草率又含混不清。結果
發現,$e^{-x^2}$ 這個函數的圖形十分漂亮:

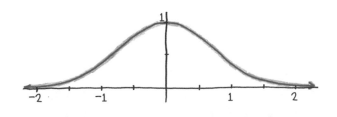

如果你是在找一塊圍起來的特定區域,譬如 0 到 1,或 0.9 到 1.3,
或-1.5 到 0.5,的確會有答案。

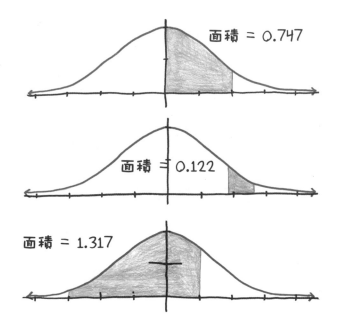

那為什麼還會「不可能積分」？因為沒有可表示那些面積的好公式。我們的魔杖，也就是微積分基本定理（取反導函數來算出積分），到了這裡就變成失去法力的樹枝，就算揮舞到天荒地老，也變不出不可思議的答案。

宇杭說：「我的繪圖計算機做得出來，所以照你的說法，它比世界上所有的數學家還要聰明。」

我嗤之以鼻：「嗯，透過黎曼和去**逼近**積分，當然會比較快啦。」處理這類函數的最佳辦法正是：逼近。我的語氣傳達了我的偏見。逼近不是**真正的解**，它是粗略的、二流的。不算數。

宇杭繼續激我：「你確定嗎？我覺得繪圖計算機好像比較聰明。」

下課的時候，我從後門溜出去，這個門直通統計課教室，就像納尼亞傳奇的那個衣櫥[*]。那是我第一年教統計，而且我教得結結巴巴。我的直覺全是純數學、證明與抽象化──對統計學而言全都是不合適的。我覺得自己好像在把運動混在一起，好比教孩子用力丟網球去擊倒保齡球瓶。

我開始說：「美國成年男性的平均身高是 70 英寸（約 178 公分），標準差為 3.5 英寸（約 9 公分）。那麼身高至少 7 英尺（約 213 公分）的男性預計有多少人呢？」

---

[*] 譯注：《納尼亞傳奇》系列中的虛構櫥櫃，具有魔法力量，可以通過它穿越到納尼亞。

就像許多統計問題一樣，這題也建立在常態分布（又稱鐘形曲線）平緩斜率的基礎上。這個無所不在的形狀，可描述量測誤差、擴散的粒子、IQ 得分、降雨量、擲硬幣非常多次——還有人的身高，算是描述得相當接近了。於是我們開始解題。

**第 1 步**：7 英尺等於 84 英寸。

**第 2 步**：這比平均數多 14 英寸。

**第 3 步**：比平均數多 4 個標準差。

**第 4 步**：我們翻到課本後面的表，查到 4 個標準差相當於第⋯百分位數。嗯，這張圖表居然只列到 3.5 個標準差就完結了。哎呀呀。

**第 5 步**：我一邊道歉，一邊拿出我的筆電，打開 Excel，它會帶我們跨到那個表的邊緣外。我們的答案是：0.999968。換句話說，身高 7 英尺的美國男性落在第 99.9968 百分位數，差不多是三萬分之一。

就在我們仔細分析這個結果，也就是爭論「俠客」歐尼爾與姚明的相對優勢時，我突然想到，我在沒有任何計畫或意圖的情況下，連續教了兩堂迥然不同、主題卻完全相同的課。

你看，我們所用的常態分布看起來就像這樣：

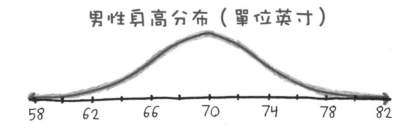

男性身高分布（單位英寸）

它只是 $e^{-x^2}$ 的美化版：經過移位和壓平，但本質上是相同的函數。這表示它沒有積分。不過情況是，我們每天都不斷在計算這個積分。

整門統計學不顧這個不可能性，而且就建立在積分不可積分的基礎上。人口的每個組別（如身高介於 5 英尺 11 英寸和 6 英尺 2 英寸的那些人），對應到這條曲線下方的一塊區域：

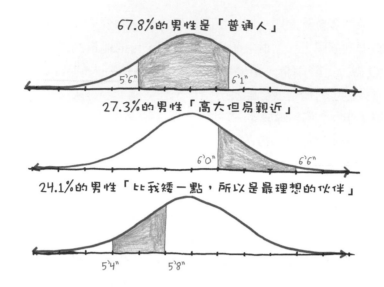

自然界並不擔心使用符號的反導函數。教科書上的圖表，Excel 的內建公式，宇杭背包裡的繪圖計算機——這些工具提供的是可信賴的數值逼近。在大部分的時候，這樣就夠了。愛因斯坦說過：「上帝不在意我們的數學難題，祂是在憑經驗做積分。」

我拿著白板筆站在那裡。一如既往，洞見如電光石火般閃過我腦海之後，留下了懊悔的緩慢隆隆雷聲。我想立刻打開隔在微積分與統計之間的門，我想解釋自己真是個笨蛋，承認自己是純數學沙文主義者。我想吶喊：「抽象的公式並不是本身就優於具體的逼近！上帝憑經驗做積分，真理將讓我們自由！」

除了抨擊我的清醒神智或（結果是同一件事）打斷弗萊明女士的化學課，阻止我這麼做的是想到宇杭的得意笑容。他會嘲笑說，**我就說吧，計算機比數學家聰明**。我沒辦法代表整個數學界發言，不過在我這個案例中，我知道他是對的。

再次快轉，跳到眼前此刻。

我在最喜歡的咖啡館啜著深焙咖啡，為你正在讀的這本書「做研究」（不是在寫作），忽然間看到了一個（就像很多並非高斯發現的事情一樣）以高斯命名的積分：

$$\int_{-\infty}^{\infty} e^{-x^2} dx = \sqrt{\pi}$$

不可能求解的積分似乎允許例外存在。如果你的區域橫掃整條數線，從最左端到最右端，從一個神祕莫測的盡頭到它的遙不可及鏡像，那麼就可能找到答案。

有那麼多的選擇，它偏偏等於 π 的平方根。

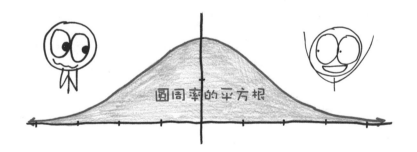

這三個花俏符號（$e$、$\pi$、$\infty$）的會合，讓我想到了歐拉的恆等式，$e^{\pi i}+1=0$。這個方程式廣受像我一樣喜歡數學的人喜愛。數學書籍作家康斯妲絲・瑞德（Constance Reid）稱它為「數學裡最著名的公式」；台裔美籍科幻小說作家姜峯楠形容是「一種敬畏的感覺，彷彿接觸到絕對真理」；德福林甚至把它比作「一首多少抓住了愛情本質的莎翁十四行詩」。

我不禁想：這個高斯積分受到的讚頌在哪裡？我在推特上發文：

我喜愛歐拉恆等式就像喜愛披頭四一樣：因為知道它可能太引人關注而覺得不好意思。

但說到高斯積分！各位，看看這個漂亮的東西！它是帶有 $e$ 與圓周率的方程式憂鬱藍調合唱團！

只有一個問題。我其實不知道這個公式為什麼是對的。

我覺得我是個富有好奇心的學習者，也剛好和一位專業數學家一起生活，她的頭腦裡有我所欠缺的豐富知識。不過，點與點之間並沒有連起來──這是我家庭生活上的悖論。我幾乎從沒請她教過我任何事情。

也許我從未養成習慣，也許學習不對稱與婚姻動力學是不一致的，也許我的好奇心沒有我自以為的那麼強，或是我的自尊心比自己認為的還要強。又或者自從 2003 年以來，我在某個時候就不再是那個永遠搶著搞懂笑話的孩子，變成一個假裝已經聽懂的大人。

無論如何，我今天發問了。

塔琳笑了起來，拿起一張鮮奶油乾酪優惠券，在背面把高斯積分的計算過程寫給我看。先把整個式子平方，然後利用富比尼定理（Fubini's theorem），再轉換成極坐標，瞧，結果就跑出來了：π 的平方根。

我說：「所以這個積分除了可計算的時候，都是不可能求解的。」事實證明，在那一萬隻湯匙當中，終究有一把刀。

塔琳翻到優惠券正面看一眼說：「噢，我們要買鮮奶油乾酪嗎？」我起身打開冰箱看了一下，那個瞬間緩慢向永恆流去。

別鬧了，我們的
鮮奶油乾酪哪會太多？

旁白：他們的鮮奶油乾酪真的很多

# 課堂筆記

　　當初構思這本書時，我設想的是有邏輯的一系列觀念，差不多像是有漫畫的高中微積分先修課程。這是我學生時代和執教以來走過的路，而且據我所知是唯一的明智途徑。但我越往前走，越感不安。我想要一條充滿色彩與魔法的黃磚路，結果這反而更像是在某家 Ikea 分店穿越的動線。於是，最後我終於聽懂暗示，放棄原訂計畫，開始蒐集故事。有些故事把基礎入門的主題（如黎曼和）和進階主題（如勒貝格積分）編在一起；有些主題（如分析學的源起）變成反覆出現的角色，不斷跳出來客串一段；有些重要主題（如泰勒級數〔 Taylor series 〕*）完全消失了。我原本想像的一串時髦珍珠，變成一個千變萬化的萬花筒。

　　這顯然不是教科書，不過如果你在教（或修）微積分，我希望這本書可當良伴。為了提供幫助，我在下面列出「標準」的主題（或多或少），連同對應的故事及一些關於教學法的零散想法。

**極限**：〈風吹過後會留下什麼？〉（第 8 章）；〈在文學圈〉（第 16 章）

　　我天生就是膽小的溫和派：我聽酷玩樂團（Coldplay），喝拿鐵咖啡，總是從極限單元開始教微積分。但為這本書做研究的過程，讓我變得激進了：現在我贊同那些貶低極限的惡棍與藐法之徒。並非數學概念——而是下面這個想法：學生在認識導數與積分前，必須對抽象函數的局部行為進行徹底的去脈絡化研究。下次教微積分的時候，我打算加入叛亂分子之列，直接進入微分，等到收斂與連續性出現在脈絡中，再回頭談這些概念。據我的了解，這是歷史的發展軌跡，而對白努利家族來說夠好的事情，對我來說也夠好了。

---

* 譯注：用無限項連加式來表示一個函數，相加的項由函數在某一點的導數求得。

### 切線：〈福爾摩斯與騎錯方向的腳踏車〉（第 6 章）

雖然我已經不喜歡把極限當成教學架構，但還是很喜愛哲學謎題。那也是我為什麼喜歡在此介紹的切線問題。它為「瞬時運動」的概念賦予具體意義，促成一項沒有微積分卻又與微積分有關的刺激活動。

### 導數的定義：〈時間的亡命本質〉（第 1 章）

有個進行中的健康辯論，在爭論如何介紹導數最好。它是切線的斜率？最佳局部線性化？瞬時變化率？我選擇強調最後一個觀點，儘管「局部線性化」的想法在〈當密西西比河有一百萬英里長〉（第 5 章）很快就會出現。

### 微分的基本規則：〈一頭綠髮的女孩與超級維度的渦旋〉（第 10 章）；〈我們來計算一下！〉（第 15 章）

我透過無窮小量的推理，介紹了 $x^2$ 與 $x^3$ 的導數（第 10 章）及乘法規則（第 15 章）。唉，我剛建立起來的激進主義又抬頭了：過去我把這個方法視為違反規則，甚至不道德，但現在我認為把 $dx$ 想像成「$x$ 的無窮小增量」的哲學蒙混，是為了把幾何學混合進來的莫大教學益處所付出的小小代價。

舉個例子：我當初學微積分的時候，很驚訝地發現球的體積（$\frac{4}{3}\pi r^3$）對半徑做微分居然會得出球的表面積（$4\pi r^2$）。這個詭異的巧合是從哪來的？最後我看出當中的邏輯了：半徑的額外增量會讓體積往外增加薄薄一層，實際上就等於表面積。這件事曾被我視為是純代數的，現在我覺得是非常幾何的，這都是因為我接受了 $dx$ 及其同類是（暫時）具有意義的量。

### 運動學：〈不斷落下的月球〉（第 2 章）；〈奶油烤吐司的喜悅轉瞬即逝〉（第 3 章）；〈微塵之舞〉（第 9 章）

就某種意義上，標準的導數是 $\frac{dx}{dt}$ ＝速度。我正是靠這個隱喻來理解其他大多數（全部？）的導數。每當我的學生打不開某個廣口瓶的時候，我都會改用速度把問題重述一次，瓶蓋通常就會砰的一聲打開了。

　　談到布朗運動的章節（第9章）就是一例。「可微分性」的概念抽象得難以理解：為什麼我們要在意什麼可微或不可微呢？但在運動學中，「不可微」就代表「缺乏速率」，這傳達了該行為是極不尋常的。

　　還有，在第3章，詹姆斯推測，如果他的朋友知道此刻他的所有喜悅感導數，他們就可以推斷他一輩子的快樂軌跡。這預示了泰勒級數，當中一點的導數為某個函數的整個生命史編碼。

**線性近似：〈當密西西比河有一百萬英里長〉（第5章）**

　　包括艾倫伯格在內的幾位作家，曾說服我相信「線性化」是微積分的格言。我也應該招認，我最初就是在艾倫伯格的好書《數學教你不犯錯》中，讀到馬克·吐溫的文章片段。

**最佳化：〈共通的語言〉（第4章）；〈城鎮邊緣的公主〉（第11章）；〈迴紋針荒地〉（第12章）；〈那是你的狗教授〉（第14章）**

　　你可能有注意到（且怒目而視），我用了四章來談最佳化，而有少少幾段（在第14章）談到相關變率。我要對所有的相關變率愛好者致歉；我怎麼也找不到很好的故事給相關變率容身。至於對最佳化的重視，這是微分學的勵志應用，我並沒有要表示任何歉意。

**洛爾定理與均值定理：〈曲線的回眸一笑〉（第13章）；〈抽象概念的千層果仁蜜餅〉（第26章）**

　　儘管抬出洛爾定理的名號，第13章主要還是最佳化的個案研究。第26章一起介紹了導數與積分的均值定理；最後也討論到（事實上是在嘲弄）中間值定理。我相信這種大雜燴會讓想要遵循傳統順序的好心老師覺得挫敗，但這可以說是我的觀點：傳統授課順序只是這個教材的其中一種教法，而且是有點缺乏歷史脈絡的「嚴謹」概念被賦予特權的一種教法。

　　老實說，我不確定自己下次教這個教材會怎麼做，不過打算強調，均值定理、中間值定理及同類型的定理是在傅立葉的研究成果引出關於收斂性的深度問題，生出了要由嚴謹來滿足的需求之後，才變得重要。

**微分方程：〈某股熱潮的未授權傳記〉（第 7 章）**

這一章略微提到幾個值得個別關注的主題：一、指數增長；二、反曲點；三、微分方程。唉，在教學實作上，這些主題之間往往相隔幾個月甚至幾學期，就會讓這一章變成相當不好處理的燉菜。算了吧──這說明了「野生環境中」的數學不遵守國界。

**積分的定義：〈在文學圈〉（第 16 章）；〈戰爭與和平與積分〉（第 17 章）；〈如果痛苦非來不可〉（第 23 章）**

比起導數，我覺得積分更隱晦、更難捉摸。在我看來，「曲線下的面積」這句話比「瞬時變化率」更簡略、更不可信。

因此，在第 16 章打下一點基礎之後，第 17 章和第 23 章在探索某種模糊的隱喻式積分。這對於做完作業沒多大用處，但也許可以當成概念上的試金石。我認為積分的幾何性質（如 $\int_a^b f(x)\,dx + \int_b^c f(x)\,dx = \int_a^c f(x)\,dx$）在這樣的背景中很容易呈現出來。

**黎曼和：〈黎曼城市天際線〉（第 18 章）**

身為老師，我猜處理黎曼和的最佳方式是先很仔細地算出一兩個，然後捨棄不用。這個加總系統操作起來很笨重，尤其是在你的代數運算又有點沒把握的情況下。這種處理方式的不便，激發大家去尋求捷徑，這條捷徑最後就以基本定理的輝煌形式出現了。

然而身為作者，我決定縱容我對分析學的喜愛（或一知半解）。狄利克雷函數是我的最愛；它是我所知道，讓黎曼和的缺點及勒貝格積分的必要性顯露無遺的最簡單例子。（說實在的，它基於「有理數構成了測度為 0 的集合」這個「直觀」，這是初等分析學中最出名的反直覺結果之一。）

**微積分基本定理：〈綜合性的偉大之作〉（第 19 章）**

我剛開始教微積分的時候，先利用一星期的時間透過幾何方法計算定積分，然後又花了一星期去計算不定積分（也就是反導函數），兩者都用到積分記法，但據學生的理解，定積分與不定積分是截然不同的用

途，完全不相關。我在這種無聊的馬戲表演之後大喊：「阿布拉卡達布拉（某種咒語）！它們其實有關聯啊！」

我已經把微積分基本定理變成世上最冷的生日驚喜了。

現在我不會多等片刻再進入基本定理。就像《當哈利遇上莎莉》這部電影所講的：「當你發覺自己想和某個人共度這輩子，你會希望這輩子早點開始。」

**數值積分**：〈1994 年，微積分誕生了〉（第 22 章）；〈一個不可求解積分的場景選粹〉（第 28 章）

我不是工程師，不是糖尿病研究人員或任何會在實務上應用的人員，不過我了解，數值積分在科學各個領域非常有用，給予的重視可能應該要多過典型微積分課所給予的。既然代數軟體善於計算反導函數，免除我們不得不精通 1001 個積分技巧的需求，數值積分就更值得重視。

**積分法**：〈積分符號內發生的事留在積分符號內〉（第 20 章）

在這一章，我嘗試在不計算出積分的情況下提供積分的滋味和韻味。這是個愚蠢的目標，或許達不到，但它是這本書的本質，所以就這樣吧。對了，不是我不重視計算；稱為 calculus（微積分、計算法）的任何東西的主要目的，在於讓計算變得更容易、更流暢、更不花腦筋。純粹是我沒有很會說故事，無法用三角代換法編出引人入勝的故事。

**積分常數**：〈他的筆輕彈一下，萬物就一筆勾銷了〉（第 21 章）

各位可以再次看到我對運動學的喜愛。我喜歡從速度函數的積分開始談積分常數，它的 +C 有個很清楚的物理意義，即 $t = 0$ 時的位置。

**旋轉體**：〈與眾神作戰〉（第 24 章）；〈來自看不見的球〉（第 25 章）；〈加百列，請奏號角〉（第 27 章）

我認為旋轉體可當作第一門微積分課的愉快總結。這種立體在視覺上很吸引人，在幾何上很豐富，極為專業，還給你閒扯阿基米德和天使長加百列的機會。（影壇最風格獨具的兩位演員，克里斯多弗・華肯

〔 Christopher Walken 〕和蒂妲・史雲頓〔 Tilda Swinton 〕，都在電影裡飾演過加百列。我知道這件事其實不該出現在這裡，但沒有其他地方讓我放，而且又不忍從這本書刪掉。）

# 參考書目

芝諾，你可以去關一下那扇窗戶嗎？

從形上學的角度，不行

## I. 時間的亡命本質

- Aristotle, *Physics*. Translated by R. P. Hardie and R. K. Gaye. The Internet Classics Archives by Daniel C. Stevenson, Web Atomics, 1994–2000. http://classics.mit.edu/Aristotle/physics.mb.txt.
- Borges, Jorge Luis. "The Secret Miracle." *Collected Fictions*. Translated by Andrew Hurley. New York: Penguin Books, 1999.
- Evers, Liz. *It's About Time: From Calendars and Clocks to Moon Cycles and Light Years—A History*. London: Michael O'Mara Books, 2013.
- Gleick, James. *Time Travel: A History*. New York: Vintage Books, 2017.
- Joseph, George Gheverghese. *The Crest of the Peacock: Non-European Roots of Mathematics*. 3rd ed. Princeton, NJ: Princeton University Press, 2010.
- Mazur, Barry. "On Time (In Mathematics and Literature)." 2009. http://www.math.harvard.edu/~mazur/preprints/time.pdf.
- Stock, St. George William Joseph. *Guide to Stoicism*. Tredition Classics, 2012.
- Wolfe, Thomas. *Of Time and the River: A Legend of Man's Hunger in His Youth*. New York: Scribner Classics, 1999.

## II. 不斷落下的月球

非常感謝 Viktor Blåsjö，他的著作（如 *History of Mathematics* 和 *Intuitive Infinitesimal Calculus* via IntellectualMathematics.com）讓本章得以成形且獲得啟發。正如他指出的，我呈現牛頓論證的方式（先假設平方反比律成立，然後再推導出月球的軌道週期），是牛頓原始論證的某種顛倒版本。

Blåsjö 解釋說：「軌道週期當然是已知的，而月球 1 秒會落下的距離才是謎團，是我們必須透過間接推理得知的事情，因為不可能利用實驗測得。結果這與萬有引力的平方反比律是一致的（譬如由預測行星橢圓軌道來獨立證實）。」

- Connor, Steve. "The Core of Truth behind Sir Isaac Newton's Apple." *Independent*, January 18, 2010. https://www.independent.co.uk/news/science/the-core-of-truth-behind-sir-isaac-newtons-apple-1870915.html.

- Epstein, Julia L. "Voltaire's Myth of Newton." *Pacific Coast Philology* 14 (October 1979): 27–33.

- Gleick, James. *Isaac Newton*. New York: Vintage Books, 2004.

- Gregory, Frederick. "Newton, the Apple, and Gravity." Department of History, University of Florida, 1998. http://users.clas.ufl.edu/fgregory/Newton_apple.htm.

- ———. "The Moon as Falling Body." Department of History, University of Florida, 1998. http://users.clas.ufl.edu/fgregory/Newton_moon2.htm.

- Keesing, Richard. "A Brief History of Isaac Newton's Apple Tree." University of York, Department of Physics. https://www.york.ac.uk/physics/about/newtonsappletree/.

- Moore, Alan. "Alan Moore on William Blake's Contempt for Newton." Royal Academy, December 5, 2014. https://www.royalacademy.org.uk/article/william-blake-isaac-newton-ashmolean-oxford.

- Voltaire. *Letters on England*. Translated by Henry Morley. Transcribed from the 1893 Cassell & Co. edition. https://www.gutenberg.org/files/2445/2445-h/2445-h.htm.

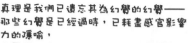

真理是我們已遺忘其為幻覺的幻覺——
那些幻覺是已經過時，已耗盡感官影響
力的隱喻，
是壓花已磨損，現在只算是金屬而不再
是硬幣的硬幣。

——尼采

## III. 奶油烤吐司的喜悅轉瞬即逝

- Berkeley, George. *The Analyst*, edited by David R. Wilkins, 2002. Based on the original 1734 edition. https://www.maths.tcd.ie/pub/HistMath/People/Berkeley/Analyst/Analyst.pdf.
- Frost, Robert. "Education by Poetry." *Amherst Graduates' Quarterly* (February 1931). http://www.en.utexas.edu/amlit/amlitprivate/scans/edbypo.html.

## IV. 共通的語言

- Atiyah, Michael. "The Discrete and the Continuous from James Clerk Maxwell to Alan Turing." 於 2017 年 9 月 29 日在第五屆海德堡年輕學者學術論壇（Heidelberg Laureate Forum）發表的演講。
- Bardi, Jason Socrates. *The Calculus Wars: Newton, Leibniz, and the Greatest Mathematical Clash of All Time*. New York: Basic Books, 2007.
- Mazur, Barry. "The Language of Explanation."2009 年 11 月為猶他大學科學與文學研討會所撰短論文。http://www.math.harvard.edu/~mazur/papers/Utah.3.pdf.
- Wolfram, Stephen. "Dropping In on Gottfried Leibniz." In *Idea Makers: Personal Perspectives on the Lives & Ideas of Some Notable People*. Champaign, IL: Wolfram Media, 2016. http://blog.stephenwolfram.com/2013/05/dropping-in-on-gottfried-leibniz/.

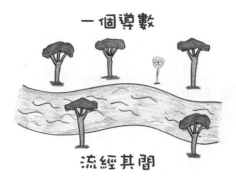

## V. 當密西西比河有一百萬英里長

我要感謝 Tatem 教授回覆我的 email 詢問,澄清那個推斷確實是說著玩的。

- Ellenberg, Jordan. *How Not to Be Wrong: The Power of Mathematical Thinking.* New York: Penguin Books, 2014.
- Tatem, Andrew J., Carlos A. Guerra, Peter M. Atkinson, and Simon I. Hay. "Momentous Sprint at the 2156 Olympics?" *Nature* 431, no. 525 (September 30, 2004).
- Twain, Mark. *Life on the Mississippi.* Boston: James R. Osgood, 1883. https://www.gutenberg.org/files/245/245-h/245-h.htm.

## VI. 福爾摩斯與騎錯方向的腳踏車

非常感謝 Dan Anderson 提供我用來產生腳踏車輪跡的應用程式 Desmos !

- Bender, Edward A. "Sherlock Holmes and the Bicycle Tracks." University of California, San Diego. http://www.math.ucsd.edu/~ebender/87/bicycle.pdf.
- Doyle, Arthur Conan. "The Adventure of the Priory School." In *The Return of Sherlock Holmes.* New York: McClure, Phillips & Co., 1905. https://en.wikisource.org/wiki/The_Adventure_of_the_Priory_School.

- Duchin, Moon. "The Sexual Politics of Genius." University of Chicago, 2004. https://mduchin.math.tufts.edu/genius.pdf.
- O'Connor, J. J., and E. F. Robertson. "James Moriarty." School of Mathematics and Statistics, University of St. Andrews. http://www-groups.dcs.st-and.ac.uk/history/Biographies/Moriarty.html.
- Roberts, Siobhan. *Genius at Play: The Curious Life of John Horton Conway*. New York: Bloomsbury, 2015.

## VII. 某股熱潮的未授權傳記

在此公開向我的高中化學老師 Rebecca Jackman 致意，在我討論自催化反應的段落中若有任何謬誤，都不是她的過失，而任何的非謬誤，都是她的功勞。

- Jones, Jamie. "Models of Human Population Growth." Monkey's Uncle: Notes on Human Ecology, Population, and Infectious Disease, April 7, 2011. http://monkeysuncle.stanford.edu/?p=933. Jones 提供了「機械論模型與現象學模型」的架構。

## VIII. 風吹過後會留下什麼？

- Brown, Kevin. "The Limit Paradox." Math Pages. https://www.mathpages.com/home/kmath063.htm. 我覺得 Brown 教授的討論讓事情更清楚易懂，而且不可或缺。他的網站上完全看不到他的大名，賦予一種脫離軀體的「數學之聲」氣氛，這一點我也很喜歡。

- Dunham, William. *The Calculus Gallery: Masterpieces from Newton to Lebesgue*. Princeton, NJ: Princeton University Press, 2008. 我在 2016 年 1 月翻到 Dunham 的書，他對分析學發展史的獨到見解，在我的胃裡翻騰了好幾年，這本書可說就是我喝下的那杯牛奶。

## IX. 微塵之舞

- Blåsjö, Viktor. "Attitudes toward Intuition in Calculus Textbooks." 論文將於 2019 年發表。Blåsjö 在這篇論文中反擊魏爾斯特拉斯函數是「直覺走入末路」的標準說法。如果對這段歷史有興趣，值得一讀。

- Dunham, William. *The Calculus Gallery*.

- Fowler, Michael. "Brownian Motion." University of Virginia, 2002. http://galileo.phys.virginia.edu/classes/152.mf1i.spring02/BrownianMotion.htm.

- Isaacson, Walter. *Einstein: His Life and Universe*. New York: Simon & Schuster, 2007.

- Poincaré, Henri. "L'Oeuvre Mathématique de Weierstrass." *Acta Mathematica* 22 (1899): 1–18. https://projecteuclid.org/download/pdf_1/euclid.acta/1485882041. 我不懂法文，但幸運的是，有「Google 翻譯」可以用。

- Yeo, Dominic. "Remarkable Fact about Brownian Motion #1: It Exists." *Eventually Almost Everywhere*. January 22, 2012. https://eventuallyalmosteverywhere.wordpress.com/2012/01/22/remarkable-fact-about-brownian-motion-1-it-exists/.

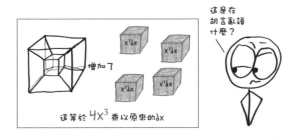

## X. 一頭綠髮的女孩與超級維度的渦旋

- Roberts, Siobhan. *King of Infinite Space: Donald Coxeter, the Man Who Saved Geometry*. New York: Walker, 2006. 從中偷了一些與幾何思維（及其毀於布爾巴基那群美麗的怪物之手）這段歷史有關的引述和見解。

- St. Clair, Margaret. "Presenting the Author." *Fantastic Adventures*, November 1946: 2–5.

- ———. "Aleph Sub One," *Startling Stories*, January 1948: 62–69. 我要招認，這個故事只提到 $(a + b)^n$ 在 $n = 2, 3, 4$ 時的展開式；把這些展開式應用到導數公式的想法，是我自己的魯莽推斷。

- Thompson, Silvanus P. *Calculus Made Easy: Being a Very-Simplest Introduction to Those Beautiful Methods of Reckoning Which Are Generally Called By the Terrifying Names of the Differential Calculus and the Integral Calculus*. 2nd ed. London: Macmillan, 1914. 這本書的內容比書名更有趣，可免費從網路下載。特別參見第二章：〈論不同程度的小〉（On Different Degrees of Smallness）。https://www.gutenberg.org/files/33283/33283-pdf.pdf.

她的箭囊和高傲氣質讓她為人所識，
她步履威嚴，看上去就像他們的女王。

——維吉爾，《埃涅阿斯紀》

## XI. 城鎮邊緣的公主

- Lendering, Jona. "Carthage." *Livius.org: Articles on Ancient History*. http://www. livius.org/articles/place/carthage/.
- ———. "The Founding of Carthage." *Livius.org: Articles on Ancient History*. http:// www.livius.org/sources/content/the-founding-of-carthage/.
- Virgil. *The Aeneid*. Translated by John Dryden. http://classics.mit.edu/Virgil/aeneid. html.

我以為你在Netflix追劇，
放空一下⋯？

我搜尋最佳放空影片的結果
是讓我早死早超生！

## XII. 迴紋針荒地

- Bostrom, Nick. "Ethical Issues in Advanced Artificial Intelligence." https://nickbostrom. com/ethics/ai.html.
- Chiang, Ted. "Silicon Valley Is Turning into Its Own Worst Fear." *BuzzFeed News*, December 18, 2017. https://www.buzzfeednews.com/article/tedchiang/the-real-danger-to-civilization-isnt-ai-its-runaway.
- Fry, Hannah. *Hello World: Being Human in the Age of Algorithms*. New York: W. W. Norton, 2018.
- Whitman, Walt. "Song of Myself." 1855. *Leaves of Grass* (final "Death-Bed" edition, 1891–92) (David McKay, 1892).
- Yudkowsky, Eliezer. "There's No Fire Alarm for Artificial General Intelligence."

Machine Intelligence Research Institute, October 13, 2017. https://intelligence.org/2017/10/13/fire-alarm/.

- Yudkowsky, Eliezer. "Artificial Intelligence as a Positive and Negative Factor in Global Risk." In *Global Catastrophic Risks*, edited by Nick Bostrom and Milan M. Ćirković, 308-345. New York: Oxford University Press, 2008. http://intelligence.org/files/AIPosNegFactor.pdf.
- Zunger, Yonatan. "The Parable of the Paperclip Maximizer." Hacker Noon, July 24, 2017. https://hackernoon.com/the-parable-of-the-paperclip-maximizer-3ed4cccc669a.

1978年：拉弗曲線開始質疑
裘德‧瓦尼斯基放在它肩上的重擔

喂，裘德，我不想製造不愉快，可是…我的肩膀上好像扛著全世界的重量欸

沒有沒有，安啦…

## XIII. 曲線的回眸一笑

- Appelbaum, Binyamin. "This Is Not Arthur Laffer's Famous Napkin." *New York Times*, October 13, 2017. https://www.nytimes.com/2017/10/13/us/politics/arthur-laffer-napkin-tax-curve.html.
- Bernstein, Adam. "Jude Wanniski Dies; Influential Supply-Sider." *Washington Post*, August 31, 2005. http://www.washingtonpost.com/wp-dyn/content/article/2005/08/30/AR2005083001880.html.
- Chait, Jonathan. "Prophet Motive." *New Republic*, March 30, 1997. https://newrepublic.com/article/93919/prophet-motive.
- ———. "Flight of the Wingnuts: How a Cult Hijacked American Politics." *New Republic*, September 10, 2007. http://www.wright.edu/~tdung/How_supply_eco_hijacked_US_Politics.pdf.
- Gardner, Martin. "The Laffer Curve." In *Knotted Doughnuts and Other Mathematical Entertainments*, 257–71. New York: W. H. Freeman, 1986.
- Laffer, Arthur. "The Laffer Curve: Past, Present, and Future." Heritage Foundation, June 1, 2004. https://www.heritage.org/taxes/report/the-laffer-curve-past-present-and-

future.

- "Laffer Curve." Chicago Booth: IGM Forum. June 26, 2012. http://www.igmchicago. org/surveys/laffer-curve. 引自 Austan Goolsbee、Bengt Holmström、Kenneth Judd、 Anil Kashyap 和 Richard Thaler。

- "Laffer Curve Napkin." National Museum of American History. http://americanhistory. si.edu/collections/search/object/nmah_1439217.

- Miller, Stephen. "Jude Wanniski, 69, Provocative Crusader for Supply-Side Economics." *New York Sun*, August 31, 2005. https://www.nysun.com/obituaries/jude-wanniski-69- provocative-crusader-for-supply/19386/.

- Moore, Stephen. "The Laffer Curve Turns 40: The Legacy of a Controversial Idea." *Washington Post*, December 26, 2014. https://www.washingtonpost.com/opinions/ the-laffer-curve-at-40-still-looks-good/2014/12/26/4cded164-853d-11e4-a702- fa31ff4ae98e_story.html.

- Oliver, Myrna. "Jude Wanniski, 69; Journalist and Political Consultant Pushed Supply- Side Economics." *Los Angeles Times*, August 31, 2005. http://articles.latimes. com/2005/aug/31/local/me-wanniski31.

- "The 100 Best Non-Fiction Books of the Century." *National Review*. May 3, 1999. https://www.nationalreview.com/1999/05/non-fiction-100/.

- Shields, Mike. "The Brain behind the Brownback Tax Cuts." Kansas Health Institute News Service, August 14, 2012. https://www.khi.org/news/article/brain-behind- brownback-tax-cuts.

- Starr, Roger. "The Way the World Works, by Jude Wanniski." *Commentary*, September 1978. https://www.commentarymagazine.com/articles/the-way-the-world-works-by- jude-wanniski/.

- Wanniski, Jude. "The Mundell-Laffer Hypothesis—a New View of the World Economy." *Public Interest* 39 (1975) 31–52. https://www.nationalaffairs.com/storage/app/uploads/ public/58e/1a4/be4/58e1a4be4e900066158619.pdf.

- ———. "Taxes, Revenues, and the 'Laffer Curve,'" *Public Interest* 50 (1978): 3–16. https:// www.nationalaffairs.com/storage/app/uploads/public/58e/1a4/c54/58e1a4c549207669125935. pdf.

班不會畫狗
恐怖博物館

長方形的身體

異常漂亮

爆霉程度：1000%

為什麼牠那麼長？

奇怪的蝙蝠頭

## XIV. 那是你的狗教授

我萬分感激裴寧斯教授把他的時間分給我（並跟我分享他的剪報！）。讓艾維斯的故事繼續流傳下去，是我的榮幸與責任。

- Bolt, Michael, and Daniel C. Isaksen. "Dogs Don't Need Calculus." *College Mathematics Journal* 41, no. 10 (January 2010): 10–16. https://www.maa.org/sites/default/files/Bolt2010.pdf.
- "CNN Student News Transcript: September 26, 2008." http://www.cnn.com/2008/LIVING/studentnews/09/25/transcript.fri/index.html
- Dickey, Leonid. "Do Dogs Know Calculus of Variations?" *College Mathematics Journal* 37, no. 1 (January 2006): 20–23. https://www.maa.org/sites/default/files/Dickey-CMJ-2006.pdf.
- "Do Dogs Know Calculus? The Corgi Might." National Purebred Dog Day, March 15, 2016. https://nationalpurebreddogday.com/dogs-know-calculus-corgi-knows/.
- Minton, Roland, and Timothy J. Pennings. "Do Dogs Know Bifurcations?" *College Mathematics Journal* 38, no. 5 (November 2007): 356–61. https://www.maa.org/sites/default/files/pdf/upload_library/22/Polya/minton356.pdf.
- Pennings, Timothy J. "Do Dogs Know Calculus?" *College Mathematics Journal* 34, no. 3 (May 2003): 178–82. https://www.jstor.org/stable/3595798.
- Perruchet, Pierre, and Jorge Gallego, "Do Dogs Know Related Rates Rather Than Optimization?" *College Mathematics Journal* 37, no. 1 (January 2006): 16–18. https://www.maa.org/sites/default/files/pdf/mathdl/CMJ/cmj37-1-016-018.pdf.
- Thurber, James. *Thurber's Dogs: A Collection of the Master's Dogs, Written and Drawn, Real and Imaginary, Living and Long Ago*. New York: Simon & Schuster, 1955.

| 哥特弗里德·萊布尼茲 | 履歷 |
|---|---|

哥特弗里德·
萊布尼茲

地點：
漢諾威

目標：
離開漢諾威

履歷

• 我帶領一項司法改革計畫，把東拼西湊的地方法統一成一致的體系。

• 我提議建置現代化的制度，如社經普查、中央邦州檔案管理庫、最佳耕作法補貼等。

• 我擔任首席調停人，努力調解長期不和的宗教團體之間的紛爭。（別問我進展如何。）

• 我主張由政府提供的醫療照護服務，包括採取主動積極的防疫措施。

• 我協助設置了一個以「不僅提升藝術與科學，還要提升農業、製造業、商業，總之就是對維繫生命有幫助的一切事務」為宗旨的科學院。

• 我發展了一套有影響力的存在理論。

## XV. 我們來計算一下！

• Arnol'd, Vladimir. *Huygens & Barrow, Newton and Hooke*. Translated by Eric J. F. Primrose. Basel: Birkhäuser Verlag, 1990.

• Bardi, Jason Socrates. *The Calculus Wars*.

• Goethe, Norma B.; Beeley, Philip; and Rabouin, David (editors). *G.W. Leibniz, Interrelations between Mathematics and Philosophy*. New York: Springer, 2015.

• Grossman, Jane, Michael Grossman, and Robert Katz. *The First Systems of Weighted Differential and Integral Calculus. Rockport*, MA: Archimedes Foundation, 1980. 高斯說的話出自頁 ii。

• Kafka, Franz. *The Trial*. London: Vintage, 2005. Translated by Willa and Edwin Muir.

• Wolfram, Stephen. "Dropping In on Gottfried Leibniz."

## XVI. 在文學圈

- Borges, Jorge Luis. "Pascal's Sphere." In *Other Inquisitions, 1937–1952*. Translated by Ruth L. C. Simms. Austin: University of Texas Press, 1975.
- Dauben, Joseph W. "Chinese Mathematics." In *The Mathematics of Egypt, Mesopotamia, China, India, and Islam: A Sourcebook*, edited by Victor Katz, 186–384. Princeton, NJ: Princeton University Press, 2007.
- Donne, John. "A Valediction Forbidding Mourning." In *Songs and Sonnets*.
- Hidetoshi, Fukagawa, and Tony Rothman. *Sacred Mathematics: Japanese Temple Geometry*. Princeton, NJ: Princeton University Press, 2008.
- Joseph, George Gheverghese. *The Crest of the Peacock*.
- Ken'ichi, Sato. "Chapter 2: Seki Takakazu." In *Japanese Mathematics in the Edo Period*. National Diet Library of Japan, 2011. http://www.ndl.go.jp/math/e/s1/2.html.
- Strogatz, Steven. *The Joy of x: A Guided Tour of Math, from One to Infinity*. New York: Mariner Books, 2013.
- Szymborska, Wislawa. "Pi." In *Poems New and Collected*. New York: Mariner Books, 2000.

## XVII. 戰爭與和平與積分

- Berlin, Isaiah. *The Hedgehog and the Fox*, edited by Henry Hardy. Princeton, NJ: Princeton University Press, 2013. 原始文章發表於 1951 年。
- Dirda, Michael. "If the World Could Write..." *Washington Post*. October 28, 2007. http://www.washingtonpost.com/wp-dyn/content/article/2007/10/25/AR2007102502856.html.
- Tolstoy, Leo. *War and Peace*. 1869.

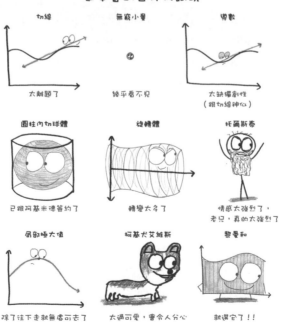

## XVIII. 黎曼城市天際線

- Corrigan, Maureen. *Leave Me Alone, I'm Reading: Finding and Losing Myself in Books*. New York: Random House, 2005.
- Dunham, William. *The Calculus Gallery*.
- Hamill, Pete. "A New York Writer's Take on How His City Has Changed," *National Geographic*, November 15, 2015. https://www.nationalgeographic.com/new-york-city-skyline-tallest-midtown-manhattan/article.html.
- Lindner, Christoph. "New York Vertical: Reflections on the Modern Skyline." *American Studies* 47, no. 1 (Spring 2006): 31–52. https://core.ac.uk/download/pdf/148648368.pdf.
- Rand, Ayn. *The Fountainhead*. New York: New American Library, 1994.

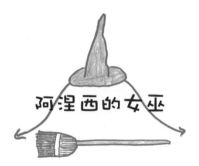

## XIX. 綜合性的偉大之作

- Knill, Oliver. "Some Fundamental Theorems in Mathematics." Harvard University. http://www.math.harvard.edu/~knill/graphgeometry/papers/fundamental.pdf.
- Mazzotti, Massimo. *The World of Maria Gaetana Agnesi, Mathematician of God*. Baltimore: Johns Hopkins University Press, 2007.
- Navarro, Joaquin. "Women in Maths: From Hypatia to Emmy Noether." In *Everything Is Mathematical*. Barcelona: RBA Coleccionables, 2013.
- Ouellette, Jennifer. *The Calculus Diaries: How Math Can Help You Lose Weight, Win in Vegas, and Survive a Zombie Apocalypse*. New York: Penguin Books, 2010.

積分獨棟別墅

風景優美但無用的替代品

當下界比較大的時候

數值積分逃生梯

變數改變三次的滑梯

積分常數，在這裡
想像成威風但寂寞
的野獸

當整個區域都在軸以下的時候

## XX. 積分符號內發生的事留在積分符號內

我要謝謝札哈里維奇，和我進行了很有幫助又愉快的 email 通信。

- Feynman, Richard P. *"Surely You're Joking, Mr. Feynman!": Adventures of a Curious Character*. New York: W. W. Norton, 1985.

- Gaither, Carl C.; Cavazos-Gaither, Alma E. (editors). Gaither's Dictionary of Scientific Quotations. New York: Springer Science & Business Media, 2008.

- Gleick, James. *Genius: The Life and Science of Richard Feynman*. New York: Pantheon Books, 1992.

- Ouellette, Jennifer. *The Calculus Diaries*.

- Ury, Logan R. "Burden of Proof." *Harvard Crimson*. December 6, 2006. https://www.thecrimson.com/article/2006/12/6/burden-of-proof-at-1002-am/.

- Zakharevich, Inna. "Another Derivation of Euler's Integral Formula." Reported by Noam D. Elkies. Harvard University. http://www.math.harvard.edu/~elkies/Misc/innaz.pdf.

## XXI. 他的筆輕彈一下，萬物就一筆勾銷了

我要向物理學博士生 Paul Ramond 道謝，他透過 Skype 指導我宇宙學。書裡所留的任何謬誤，全是我自己的疏漏。

- Einstein, Albert. "Cosmological Considerations in the General Theory of Relativity." Translated by W. Perrett and G. B. Jeffery. Reprinted from *The Principle of Relativity*, 175–89. New York: Dover, 1952. https://einsteinpapers.press.princeton.edu/vol6-trans/433.
- Harvey, Alex, "The Cosmological Constant." New York University, November 23, 2012. https://arxiv.org/pdf/1211.6337.pdf.
- Isaacson, Walter. *Einstein*.
- Janzen, Daryl. "Einstein's Cosmological Considerations." University of Saskatchewan. February 13, 2014. https://arxiv.org/pdf/1402.3212.pdf.
- Munroe, Randall. "The Space Doctor's Big Idea." *New Yorker*, November 18, 2015.
- Ohanian, Hans. *Einstein's Mistakes: The Human Failings of Genius*. New York: W. W. Norton & Company, 2008.
- O'Raifeartaigh, C., and B. McCann. "Einstein's Cosmic Model of 1931 Revisited: An Analysis and Translation of a Forgotten Model of the Universe." Waterford Institute of Technology. https://arxiv.org/ftp/arxiv/papers/1312/1312.2192.pdf.
- O'Raifeartaigh, Cormac, Michael O'Keeffe, Werner Nahm, and Simon Mitton. "Einstein's 1917 Static Model of the Universe: A Centennial Review." https://arxiv.org/ftp/arxiv/papers/1701/1701.07261.pdf.
- Rovelli, Carlo. *Seven Brief Lessons on Physics*. New York: Riverhead Books, 2016.
- Straumann, Norbert. "The History of the Cosmological Constant Problem." Institute for Theoretical Physics, University of Zurich, August 13, 2001. https://arxiv.org/pdf/gr-qc/0208027.pdf.

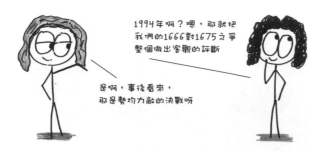

## XXII. 1994 年，微積分誕生了

- Łaba, Izabella. "The Mathematics of Wheel Reinvention." *The Accidental Mathematician*. January 18, 2016. https://ilaba.wordpress.com/2016/01/18/the-mathematics-of-wheel-reinvention/.

- "Letters." *Diabetes Care* 17, no. 10 (October 1994): 1223–27. Authors of quoted letters include: Ralf Bender; Thomas Wolever; Jane Monaco and Randy Anderson; and Mary Tai.

- "Medical Researcher Discovers Integration, Gets 75 Citations." *An American Physics Student in England*. March 19, 2007. https://fliptomato.wordpress.com/2007/03/19/medical-researcher-discovers-integration-gets-75-citations/.

- Ossendrijver, Mathieu. "Ancient Babylonian Astronomers Calculated Jupiter's Position from the Area under a Time-Velocity Graph." *Science* 351, no. 6272 (January 29, 2016): 482–84.

- Tai, Mary. "A Mathematical Model for the Determination of Total Area under Glucose Tolerance and Other Metabolic Curves." *Diabetes Care* 17, no. 2 (February 1994): 152–54.

- Trefethen, Lloyd N. "Numerical Analysis." In *Princeton Companion to Mathematics*, edited by Timothy Gowers, June Barrow-Green, and Imre Leader. Princeton, NJ: Princeton University Press, 2008. http://people.maths.ox.ac.uk/trefethen/NAessay.pdf.

- Wolever, Thomas. "How Important Is Prediction of Glycemic Responses?" *Diabetes Care* 12, no. 8 (September 1989): 591–93.

## XXIII. 如果痛苦非來不可

- Bentham, Jeremy. *An Introduction to the Principles of Morals and Legislation.* Adapted by Jonathan Bennett. https://www.earlymoderntexts.com/assets/pdfs/bentham1780.pdf.

- Bradbury, Ray. *Bradbury Speaks: Too Soon From the Cave, Too Far from the Stars.* New York: William Morrow, 2006.

- Dickinson, Emily. "Bound—a Trouble." (No. 269.) https://en.wikisource.org/wiki/Bound—a_trouble_—.

- Frost, Robert. "Happiness Makes Up in Height for What It Lacks in Length." In *The Poetry of Robert Frost: The Collected Poems, Complete and Unabridged.* New York: Henry Holt and Co., 1999.

- Jevons, William Stanley. "Brief Account of a General Mathematical Theory of Political Economy." *Journal of the Royal Statistical Society, London* XXIX (June 1866): 282–87. https://www.marxists.org/reference/subject/economics/jevons/mathem.htm.

- Kahneman, Daniel, Barbara L. Fredrickson, Charles A. Schreiber, and Donald A. Redelmeier. "When More Pain Is Preferred to Less: Adding a Better End." *Psychological Science* 4, no. 6 (November 1993): 401–5.

- Mill, John Stuart. *Utilitarianism* (edited by George Sher). Indianapolis: Hackett Publishing Co., 2002. 頁 10。

- Singer, Peter. *Animal Liberation: Updated Edition.* New York: Harper Perennial, 2009.

## XXIV. 與眾神作戰

- Brown, Kevin. "Archimedes on Spheres and Cylinders." Math Pages. https://www.mathpages.com/home/kmath343/kmath343.htm.
- Leibniz, Gottfried Wilhelm Freiherr, and Antoine Arnauld. *The Leibniz-Arnauld Correspondence*. New Haven, CT: Yale University Press, 2016.
- Lockhart, Paul. *Measurement*. Cambridge, MA: Belknap Press, 2012.
- Plutarch. *Lives of the Nobel Greeks and Romans*. http://www.fulltextarchive.com/page/Plutarch-s-Lives10/#p35.
- Polster, Burkard. *Q.E.D.: Beauty in Mathematical Proof*. New York: Bloomsbury, 2004.
- Polybius. *Universal History, Book VIII*. Excerpted from *The Rise of the Roman Empire*, translated by Ian Scott-Kilvert. New York: Penguin Books, 1979. https://www.math.nyu.edu/~crorres/Archimedes/Siege/Polybius.html.
- Rorres, Chris. "Death of Archimedes: Sources." New York University. https://www.math.nyu.edu/~crorres/Archimedes/Death/Histories.html.
- Sharratt, Michael. *Galileo: Decisive Innovator*. Cambridge, UK: Cambridge University Press, 1994. 頁 52。
- Whitehead, Alfred North. *An Introduction to Mathematics*. New York: Henry Holt and Company, 1911.

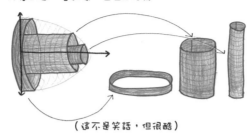

趣聞：你可以把旋轉體當成洋蔥而不是一疊圓盤，
洋蔥的每一層就像一個個紙捲筒

（這不是笑話，但很酷）

## XXV. 來自看不見的球

謝謝我的推特網友 Ben Blum-Smith（@benblumsmith）和 Mike Lawler（@mikeandallie），協助我算出四維球的體積。

- Abbott, Edwin. *Flatland: A Romance of Many Dimensions*. 1884.
- Strogatz, Steven. *The Calculus of Friendship: What a Teacher and a Student Learned about Life while Corresponding about Math*. Princeton, NJ: Princeton University Press, 2009.

# 大衛・福斯特・華萊士談…

萊布尼茲：「在這位律師／外交官／朝臣／哲學家眼裡，數學有點像副業。」並在註腳補充說：「想必我們都很討厭這種人。」

實數線：「99.999…%的空間是空的，很像DQ冰淇淋或我們的宇宙。」

牛頓與萊布尼茲誰先發明微積分之爭：「獨占甚至兩人共享功勞，這種想法很荒謬，同樣可笑的主張還有這個：說現在所稱的微積分當中有任何一個發明。」

康托：「來自衣領漿過、鬍子有著火爆憂的時代，相貌平凡的中產階級德國人。」

論及無限大，亞里斯多德某種程度上總是處處發生驚人的大錯誤。」

用微積分的手法「解決」芝諾悖論：「很複雜，形式上很吸引人，專業上是對的，深度上微不足道。」

做出邏輯基礎不明確的數學計算：「一個股市泡沫。」也還說這種數學是「一邊跑步一邊試著繫鞋帶」。

魏爾斯特拉斯：「因身材高大，有運動長才，大學時經常跑派對，愛自我吹噓，對音樂不感興趣（大多數的數學家是音樂迷），還是個開朗、不神經質、愛交際、十分善良、人見人愛的傢伙，而在數學家當中十分顯眼。儘管從未發表過演講甚至未曾讓學生做筆記，大家仍公認他是19世紀最傑出的數學老師。」

## XXVI. 抽象概念的千層果仁蜜餅

- Arnold, Vladimir. "On Teaching Mathematics." Translated by A. V. Goryunov. *Russian Mathematical Surveys* 53, no. 1 (1998): 229–36.
- Cheng, Eugenia. *Beyond Infinity: An Expedition to the Outer Limits of Mathematics*. New York: Basic Books, 2017.
- Ellenberg, Jordan. *How Not to Be Wrong*.
- Kakutani, Michiko. "A Country Dying of Laughter. In 1,079 Pages." *New York Times*, February 13, 1996. https://www.nytimes.com/1996/02/13/books/books-of-the-times-a-country-dying-of-laughter-in-1079-pages.html.
- Max, Daniel T. *Every Love Story is a Ghost Story: A Life of David Foster Wallace*. New York: Viking, 2012.
- McCarthy, Kyle. "Infinite Proofs: The Effects of Mathematics on David Foster Wallace." *Los Angeles Review of Books*, November 25, 2012. https://lareviewofbooks.org/article/infinite-proofs-the-effects-of-mathematics-on-david-foster-wallace/.
- Papineau, David. "Room for One More." *New York Times*, November 16, 2003. http://www.nytimes.com/2003/11/16/books/room-for-one-more.html.
- Scott, A. O. "The Best Mind of His Generation." *New York Times*, September 20, 2008. https://www.nytimes.com/2008/09/21/weekinreview/21scott.html.
- Wallace, David Foster. "Tennis, Trigonometry, Tornadoes: A Midwestern Boyhood." *Harper's Magazine*, December 1991.
- ———. *Infinite Jest*. New York: Little, Brown, 1996.
- ———. "Rhetoric and the Math Melodrama." *Science* 290, no. 5500 (December 22, 2000): 2263–67.
- ———. *Everything and More: A Compact History of Infinity*. New York: W. W. Norton, 2003.

加百列的號角

（以下這些並未畫出，但可上Google搜尋：加百列的婚禮蛋糕；
加百列的漏斗；加百列的啤酒杯；加百列的熔岩燈；雷神索爾的鐵砧。）

## XXVII. 加百列，請奏號角

- Alexander, Amir. *Infinitesimal: How a Dangerous Mathematical Theory Shaped the Modern World*. New York: Farrar, Straus and Giroux, 2014.
- Cucić, Dragoljub. "Types of Paradox in Physics." Regional Centre for Talents Mihajlo Pupin. https://arxiv.org/ftp/arxiv/papers/0912/0912.1864.pdf.
- Gethner, Robert M. "Can You Paint a Can of Paint?" *College Mathematics Journal* 36, no. 4 (November 2005): 400–402.
- Hofstadter, Douglas. *Gödel, Escher, Bach: An Eternal Golden Braid*. New York: Basic Books, 1979.
- Smith, Wendy, and Marianne Lewis. "Leadership Skills for Managing Paradoxes." *Industrial and Organizational Psychology* 5, no. 2 (June 2012).

$$\int e^{-x^2} dx$$

親愛的華生，
這是基本推理！

為什麼你總是這麼說，
但明明就不是

## XXVIII. 一個不可求解積分的場景選粹

我要感謝塔琳・弗洛克（Taryn Flock）陪我證明出高斯積分。

- Chiang, Ted. *Stories of Your Life and Others*. New York: Tom Doherty Associates, 2002.
- Oliva, Philip B. *Antioxidants and Stem Cells for Coronary Heart Disease*. Singapore: World Scientific Publishing, 2014. 頁 534。

# 致謝

**以魔法把我的不確定無窮小構想，**
**變成一本扎實絕妙之書的眾位卡瓦列里：**

我要感謝當今卡瓦列里組成的夢幻隊，他們幫忙催生出這本書：Becky Koh 的編輯智慧；Betsy Hulsebosch 和 Kara Thornton 的行銷廣宣專業；Paul Kepple 和 Katie Benezra 的設計成果；Melanie Gold 和 Elizabeth Johnson 堅定不畏縮的眼光；Rayleen Tritt 的傑出攝影；Black Dog & Leventhal 整個出版團隊的持續努力；還有 Dado Derviskadic 和 Steve Troha 值得信賴的帶領。如果沒有他們，這本書不可能問世。

**指引我走出無知的眾位阿涅西：**

這本書的初稿倒塌時，David Klumpp 把我從殘垣斷壁中拉出來，撣掉我身上的塵土，協助我擬出更好的計畫，我要對他的援助致上無比的謝意。我也要特別感謝在各個階段給予寶貴回饋意見的人：Viktor Blåsjö、Richard Bridges、Karen Carlson、John Cowan、David Litt、Doug Magowan、Jim Orlin、Jim Propp 和 Katy Waldman。書裡出現的所有錯誤，責任全在我。

**提供故事豐富了這本書的眾位馬克‧吐溫與托爾斯泰：**

我非常感謝跟我分享故事的數學家，包括 Tim Pennings（第 14 章）和 Inna Zakharevich（第 20 章）。我要對 Andy Bernoff、Kay Kelm、Jonathan Rubin 和 Stacey Muir 致謝與致歉：他們分享了「積分比賽」（Integration Bee）這個美好活動的奇妙故事，可惜我的寫作還沒熟練到寫成適合的章節。不過，我保證會在其他地方分享這個（由 Bernoff 獨創出來的）比賽的傳奇故事，它值得傳頌。

**我毫不猶豫喜愛的諸多高斯積分：**

我要向我的同事、學生、老師、朋友、家人、我最喜歡的勁敵、我的推特偶像、我的耶魯布蘭福德學院（Branford College）同學、我的部落格留言者、我的咖啡師——還有最重要的，是向塔琳，致上由衷的感謝。

國家圖書館出版品預行編目資料

翻轉微積分的28堂課：從瞬間到永恆，探索極限、縱橫運算、破解定理，圖解思考萬物變化的數學語言／班·歐林（Ben Orlin）著；畢馨云譯. -- 初版. -- 臺北市：臉譜，城邦文化出版：家庭傳媒城邦分公司發行, 2021.03
面； 公分. --（科普漫遊；FQ1067）

譯自：Change Is the Only Constant: The Wisdom of Calculus in a Madcap World

ISBN 978-986-235-895-5（平裝）

1. 微積分 2. 通俗作品

314 .1         109020165

科普漫遊 FQ1067

# 翻轉微積分的28堂課

從瞬間到永恆，探索極限、縱橫運算、破解定理，圖解思考萬物變化的數學語言

作　　　者　班·歐林（Ben Orlin）
譯　　　者　畢馨云
副 總 編 輯　劉麗真
主　　　編　陳逸瑛、顧立平
封 面 設 計　廖韡

發　行　人　涂玉雲
出　　　版　臉譜出版
　　　　　　城邦文化事業股份有限公司
　　　　　　台北市中山區民生東路二段141號5樓
　　　　　　電話：886-2-25007696　傳真：886-2-25001952
發　　　行　英屬蓋曼群島商家庭傳媒股份有限公司城邦分公司
　　　　　　台北市中山區民生東路二段141號11樓
　　　　　　客服服務專線：886-2-25007718；25007719
　　　　　　24小時傳真專線：886-2-25001990；25001991
　　　　　　服務時間：週一至週五上午09:30-12:00；下午13:30-17:00
　　　　　　劃撥帳號：19863813　戶名：書虫股份有限公司
　　　　　　讀者服務信箱：service@readingclub.com.tw
香港發行所　城邦（香港）出版集團有限公司
　　　　　　香港灣仔駱克道193號東超商業中心1樓
　　　　　　電話：852-25086231　傳真：852-25789337
馬新發行所　城邦（馬新）出版集團 Cité (M) Sdn Bhd
　　　　　　41-3, Jalan Radin Anum, Bandar Baru Sri Petaling, 57000 Kuala Lumpur, Malaysia
　　　　　　電話：603-90563833　傳真：603-90576622
　　　　　　E-mail: services@cite.my

初 版 一 刷　2021年3月2日
初 版 二 刷　2021年8月2日

城邦讀書花園
www.cite.com.tw

ISBN 978-986-235-895-5
版權所有·翻印必究（Printed in Taiwan）

**定價：580元**

（本書如有缺頁、破損、倒裝，請寄回更換）